★★★戰雲密布！★★★

最強軍武百科

現代軍隊、武器、規則110則

坂本雅之 著

前言

在寫軍事相關主題的劇本時，或是添加軍事要素時，有些關鍵字和主題必須事先了解再作為參考，本書正是以百科全書的形式整理而成。

軍事這個詞語，是指軍隊、軍人、軍事力、戰爭、紛爭等，與戰爭及其相關的各種事物。以軍事為題材的創作物，有小說、遊戲、漫畫、動畫、記錄文學、電影等，跨越媒體達到龐大的數量。採用的主題有大部隊的大規模作戰、戰鬥機的空戰、特種部隊的行動、或是組織內的陰謀劇，種類繁多。此外驚悚、科幻、奇幻等等類型的作品也經常加入軍事要素，或是有軍人登場。

本書俯瞰整理了軍事的基礎知識，在描寫軍事相關的故事時，活用本書能夠有助於呈現真實性。以現代軍事為中心，尤其美國和日本經常作為題材，舉出不少這兩國的例子。此外戰爭與紛爭並非只是由拿槍的士兵、戰車、戰艦、戰鬥機進行，關於支援前線部隊的各種支援部隊與技術，也占了許多篇幅。

另外，本書根據《ゲームシナリオのためのミリタリー事典（暫譯：遊戲劇本用的軍事百科全書）》重新檢視章節與項目加以大幅修正，不過在改換標題之際，也傾盡全力增加一些項目，有助於創造從事軍事的角色。本書結構讓您在描寫故事中活躍的人們時，可以獲得更多所需的基礎知識。

本書若能讓您掌握軍事的各種要素，在編織全新故事時派上用場，便是我的榮幸。

坂本雅之

本書的概要

本書留意盡可能網羅解說軍事相關的各種事物。「軍事」這個詞，包含從戰爭、戰略、作戰等大規模的事物，到編制與戰術等部隊程度的事物，以及兵器或裝備等細微程度的事物，領域十分廣泛，此外戰場也是千變萬化。本書從規模與戰場的觀點，將各章節分成七大項：「軍隊、軍人」、「戰爭、紛爭」、「陸戰」、「海戰」、「空戰」、「特種部隊作戰」、「電子戰」。在開頭的兩章，俯瞰解說軍隊、軍人的樣貌與戰爭、紛爭的樣貌，讓讀者能掌握全貌。接下來三章整理了陸海空軍等傳統組織的功能與裝備。此外在「特種部隊作戰」，尤其在與恐怖組織作戰時加強存在感的特種部隊，以他們的任務為中心解說。另外，儘管未在表面浮現，但仍設置一章「電子戰」解說現代戰爭根本的電子、情報技術。

關於特定的各種兵器，雖然去書店很容易就能找到解說書或雜誌，不過在戰爭與軍隊組織中這些扮演了何種角色，很意外地並沒有加以解說的書籍。故事中的重點是人，他的想法與行動。同樣地在故事中讓兵器與部隊登場時，最需要的是它的角色、以何種目的配備或是編組。本書在解說時也注意到人、組織、兵器的角色。

另外，為了有效活用有限的篇幅，「時代」以波斯灣戰爭（1991年）以後為主。呈現波斯灣戰爭、阿富汗戰爭（2001年～）、伊拉克戰爭（2003年～2011年）、敘利亞內戰（2011年～），各自不同的戰爭面貌，可以成為創造出各種故事的背景。「組織」以美軍和自衛隊為主介紹，每個主題皆觸及其他國家的狀況。美軍品質、數量都很充實，對於世界情勢有極大的影響力。另外，自衛隊是最熟悉的部隊，理解這兩個軍事組織正是理解軍事整體的入口。

以下，介紹各章的內容。

第1章　軍隊、軍人

在本章首先說明怎樣的人隸屬於軍隊。從各方面解說平民與軍人的差異、平民變成軍人的過程、軍人如何度過軍隊生活等。

另外，軍隊是何種組織、擔負何種任務、以及分成陸海空等的組織如何成為一體作戰，這些都整理出來了。

不僅如此，也會介紹接近軍隊的組織「準軍事組織」。

第2章　戰爭、紛爭

在本章將說明戰爭與紛爭是什麼。或許故事角色為這種問題煩惱的情形並不多，不過作為故事背景的戰爭、紛爭和情勢是如何發生的，以及在思考今後會發生哪種戰爭、紛爭時，是非常重要的問題。尤其非正規戰和低強度紛爭是占了現代戰爭、紛爭極大部分的主題。

另外，現代關於戰爭、紛爭存在著各種規則。將會介紹防止戰爭、紛爭的機制，和戰鬥時必須遵守的國際法。

第3章　陸戰

在本章解說以陸軍為主的陸上戰鬥。敘述在陸上作戰的部隊具備什麼、它的角色為何等主題。並且，戰車部隊、步兵部隊、砲兵部隊等是何種單位、如何作戰也都整理出來。此外，關於戰車、槍、砲等陸上部隊使用的兵器也會介紹。

第4章　海戰

在本章解說以海軍為主的海上、海中的戰鬥。整理出各種船艦的不同與角色，以及艦艇使用的各種兵器。關於和海軍密切合作的登陸作戰也會在本章敘述。

第5章　空戰

在本章解說以空軍為主的空戰，以及航空部隊的支援任務。空軍的任務不只空戰，還有各種任務，這些都會陳述。另外，也會介紹航空器的相關技術，和近年重要性增加的彈道飛彈防禦。

第6章　特種部隊作戰

在本章把焦點放在特種部隊。特種部隊被投入近年逐漸增加的非正規戰和反恐作戰，可謂容易誕生全新故事的題材。說到特種部隊，雖然執行突擊作戰的印象很強烈，不過其實除此之外也參與各種任務。希望大家注意依照各個特種部隊，擅長的任務也有所不同。

第7章　電子戰

在本章解說支撐軍隊的各種電子技術。陳述現代各部隊網路化，從各種偵察手段獲得的情報與命令如何傳達，此外也介紹網路戰與密碼等，隱藏在戰爭、紛爭中的部分。另外，各種感應器、雷達和隱形技術等電子技術相關主題也會在本章提到。

最後的話

雖然常說戰爭不該發生，不過人的勇氣、犧牲自己、英雄主義等是故事的重要要素，不可否認這些能打動人心。但是，光是士兵的行動與兵器感覺帥氣，無法誕生有深度的故事。戰爭、紛爭，以及軍隊擁有各種面貌，多方面、多層次的理解可說是非常重要。

另外，雖然本書不太能提到，不過希望大家了解戰爭中犧牲的弱者。無差別轟炸、誤爆、地雷、士兵對平民的暴力等，雖是不應該發生的事，但現在仍然持續發生。以軍事作為題材時，學習過去在戰爭、紛爭中發生了什麼事也很重要。

目錄

第3章　陸戰......71

第4章　海戰......123

MILITARY
ENCYCLOPEDIA

第1章

軍隊、軍人

軍隊與軍人
平民與軍人
士兵與軍官
訓練、教育
軍裝與禮儀
軍人的一生
軍隊的任務
戰地的生活
前線的一天
戰爭與心靈
災害派遣
軍種、聯合軍
準軍事組織

軍隊與軍人

▼MILITARY FORCE & SERVICEMEN▼

「軍」是什麼？

「**軍**」這一詞被用於各種意思。第一個是「軍勢」的意思，指作戰的集團（在運動隊有時也冠上「軍」字）。

第二個是「**國軍**」的意思，用法如美軍、俄軍等。在本書將這個意思的「軍」稱為**軍隊**（Armed Force）或**正規軍**。

軍隊不必是「國家」的軍隊，有時是「地區」、「黨派」的軍隊。例如中國的人民解放軍雖是國軍，卻是在中國共產黨的指揮下。

第三個意思是，如同陸軍或海軍，依照活動範圍的不同來區分，擁有半獨立功能的組織的軍隊。這種區分稱為「**軍種**」。

最後，部隊的單位也會使用「軍（Army）」。這種情況下，一般如「第3軍」、「黑龍江軍」會加上號碼、地名或人名。部隊的單位也有「**軍團**（Corps）」，指比「軍」更小規模的部隊。這個「Corps」是單複數同形的英文，單數時發音為/koə/，複數時發音為/koəz/。例如，美國陸戰隊（Marine Corps）是/məˊrin koə/。要是念錯為/kɔrps/，就會變成「屍體（corpse）」。

另外，在外國區分為「Army」、「Command」、「Force」等稱呼，規模與特性不同的各種部隊，在我國常常總括為「軍」（或「軍團」）的稱呼，因此必須注意。

「Corps」也是指各種部隊或組織的詞語，除了作為「軍」的下級組織的「軍團」，有時也指**軍官候補生團**（a corps of cadets）或**通信隊**（the Signal

Corps）等功能與技術相同的集團。

軍人與國際法上的戰鬥員

所謂**軍人**，是隸屬軍隊擁有階級的軍官、士官、士兵的總稱。即使在軍隊工作也沒有階級，不參與直接戰鬥的人員並非軍人，而是稱為**軍屬**（文官或委託的技師等）。

軍人在國際法上被視為**戰鬥員**，在國際法規的範圍內擁有破壞、殺傷敵人的權利，另一方面，在敵人眼中是正當的攻擊對象，若被捉住就會變成俘虜。戰鬥員以外的人是平民，不能視為攻擊對象。

在國際法上，戰鬥員有時不只軍人。**民兵**、**義勇兵**或**反抗軍**等**有組織的抵抗運動團體**也擁有戰鬥員的權利。但是這些人要被承認為戰鬥員，必須有四個條件：「①對於部下的行動負有責任並置於指揮下」、「②擁有能從遠方確認的特有標誌」、「③公然攜帶武器」、並且「④按照戰鬥的法規及慣例行動」。但是，如果沒有符合條件①②的時間，只要遵守③④，即使是拿起武器對抗敵人的平民也擁有交戰的資格。過去非正規部隊的地位在國際法上並不明確，受到非人道的對待也很常見，所以以1907年的海牙公約為開端修訂了規則。

因為各國的國境警備隊或沿岸警備隊等**準軍事組織（Paramilitary）**或治安組織並非軍隊，所以沒有戰鬥員的資格。但是這些組織有時會被編入軍隊。這種情況，只要通知敵對勢力，就能獲得與軍人同樣的戰鬥員資格。

正規軍的軍人穿著制服，配戴國籍和部隊名等的標誌。

圖中人物看似平民，但是左臂配戴臂章，表示為戰鬥員。

平民與軍人

▼ CIVILIANS & SOLDIERS ▼

- 徵兵
- 培訓機構
- 傭兵

平民成為軍人

平民變成軍人之時，有依照政府機關的命令成為軍人的**徵兵制**，和平民自願成為軍人的**募兵制**這兩種制度。

徵兵制是令到了一定年齡的國民，服一定期間的兵役進行訓練，退伍恢復平民身分後，有事也要召集成為軍人的制度。有到了一定年齡的國民全都要（有時只有男人，有時不分男女）徵召（**全民皆兵**），或是從符合條件的國民中挑選徵召（**選拔徵兵制**）。現代採用徵兵制的先進國家是少數。這會對經濟活動造成極大的影響，而且冷戰終結後大規模軍事衝突的可能性減少了。並且在硬體面和軟體面皆提升的現代軍隊，軍人被要求高度的專業知識與技能，所以短期間退伍的徵兵制無法進行令人滿意的訓練。

至於募兵制的情況，只要符合年齡和國籍等條件，軍隊的招募窗口隨時都會受理。如果以幹部為目標，也有報考軍官學校或防衛大學的方法，還有平民也能報考的各種學校。例如在日本如果想當飛行員，可以利用自衛隊的航空學生制度。美國有預備軍官訓練團（ROTC）的制度，可以一邊在一般大學受教育，一邊接受成為軍官的教育。畢業後和軍官學校同樣成為軍官候補生。美軍的將校有半數以上正是來自這個制度。

士官也有同樣的教育制度，在日本也有以平民為對象的一般曹候補生制度（曹是自衛隊的士官）。

陸上自衛隊高等工科學校是以中學畢業生（僅限男生）為對象的教育機

關，如果年紀輕輕就想立即當自衛隊員，可以選擇進這間學校就讀這條路。

此外，還有公立或私立的幼年學校，作為從幼時培養軍人的機構，學業與軍事並行進行教育。舊日本陸軍也有設立幼年學校。

自衛隊的任官制度

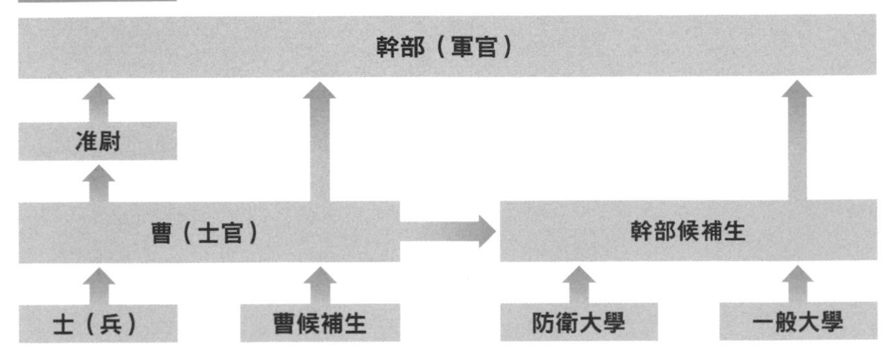

加入自衛隊的方法，除了成為一般隊員（自衛隊的士兵）入伍的方法，被認為有前途的志願者能成為曹候補生入伍，或者也有從防衛大學或一般大學成為幹部候補生入伍的方法。即使同樣是幹部，如果成為幹部的經歷不同，角色也不同。

傭兵、民間軍事公司、外籍兵團

通常軍隊是由對國家具有忠誠心的志願兵或藉由徵兵所構成。相對地所謂**傭兵**，是用金錢僱用的士兵，或是指該集團。傭兵按照契約為個人或組織進行戰鬥或擔任護衛，傭兵在國際法上不被承認為戰鬥員，也沒有成為俘虜的權利。

近年來支援軍務，稱為**民間軍事**公司的企業受到矚目，不過變成承包戰鬥或護衛的傭兵不過是其中一部分。民間軍事公司大部分負責補給、後勤、輸送，是從外部支援軍方的平民，而不是軍人。同樣地即使隸屬軍隊卻負責戰鬥以外任務的人，則稱為**文官**或**軍屬**。

外籍兵團是僱用外國人編成的部隊，廣義上是傭兵的一種型態，不過像法國外籍兵團作為國軍的正規部隊編成的情況，在國際法上也被承認為戰鬥員。

士兵與軍官

SOLDIER & OFFICER

- 組織
- 指揮統制
- 序列

士兵、士官、軍官的責任與立場

軍人大致可分成兩種類型。進行指揮的**將校**（Officers：軍官也是），和在底下執行任務的**士官兵**（enlisted personnel）。另外士官兵還細分成**士兵**和**士官**（NCO：noncommissioned officers）。

將校按照階級分成**將官**（陸軍的將官稱為**將軍**，海軍的將官稱為**艦隊司令官**）、**校官**、**尉官**，負責指揮部隊，或是隸屬於司令部輔佐指揮官。

如果命令部隊的是將校，實際移動部隊的就是士官。士官通常是從士兵晉級的人，非常了解士兵，是將校和士兵的橋梁。在許多故事中，士官是充滿人性的父親般角色，或是被描寫成徹底鍛鍊士兵，像鬼一樣的存在。

士兵一般是軍人或戰鬥組織的成員，尤其在陸軍之中也指並非將軍、軍官或士官的軍人。在海軍是**海軍士兵**、在空軍是**空軍士兵**、在陸戰隊是**陸戰隊士兵**等，依照軍種名稱有所不同。士兵構成了軍隊人員的絕大部分。通常是高中畢業就馬上入伍的年輕人，偶爾也有短大或大學畢業的人。不只出於愛國心入伍的人，也有出於冒險心或好奇心，或是因為想要旅行的理由入伍的人。此外，為了在軍隊學習技術，或是為了獲得獎學金，也有人因為實際的理由入伍。

名稱	英文	自衛隊
士兵	soldier	陸上自衛隊隊員
海軍士兵	sailor	海上自衛隊隊員
空軍士兵	airman	航空自衛隊隊員
陸戰隊士兵	marine	無符合

基本上階級是一級一級晉升

階級是表示軍人上下關係的序列，同時表示責任與立場，與軍事組織內的所有活動有密切關係。階級大致可分為將官、校官、尉官、士官、士兵。越級晉升有一堵高牆。為了成為率領眾多部下的士官或軍官，必須嚴格審查適性，接受相應的訓練和教育。**准尉**是沒有資格晉升為正規軍官的士官，或是技術職士官的階級。階級同時也是薪水等級，如果無法成為軍官的士官不能晉升＝加薪，好不容易累積經驗的優秀人才就有可能離開軍隊。因此設下准尉這個階級，即使士官沒有成為軍官也變得能加薪。美軍的情況，准尉分成五個階級。根據國家或軍種有時階級的名稱有所不同。例如英文的上將是「General」，不過在海軍則叫做「Admiral（海軍上將）」。

		各國的階級			陸上自衛隊	海上自衛隊	航空自衛隊	簡稱
軍官	將官（將軍）	上將	幹部	將官	(陸上幕僚長)	(海上幕僚長)	(航空幕僚長)	(幕僚長)
		中將			陸將	海將	空將	將
		少將			陸將補	海將補	空將補	將補
	校官	上校		校官	1等陸佐	1等海佐	1等空佐	1佐
		中校			2等陸佐	2等海佐	2等空佐	2佐
		少校			3等陸佐	3等海佐	3等空佐	3佐
	尉官	上尉		尉官	1等陸尉	1等海尉	1等空尉	1尉
		中尉			2等陸尉	2等海尉	2等空尉	2尉
		少尉			3等陸尉	3等海尉	3等空尉	3尉
准尉		准尉※	准尉		准陸尉	准海尉	准空尉	准尉
士官兵	士官	士官長※	曹士	曹	陸曹長	海曹長	空曹長	曹長
		上士※			1等陸曹	1等海曹	1等空曹	1曹
		中士※			2等陸曹	2等海曹	2等空曹	2曹
		下士			3等陸曹	3等海曹	3等空曹	3曹
	士兵	上等兵		士	陸士長	海士長	空士長	士長
		1等兵			1等陸士	1等海士	1等空士	1士
		2等兵			2等陸士	2等海士	2等空士	2士

階級依照國家、時代而各自不同（※：這些階級通常會更進一步細分）。

訓練、教育

▼ TRAINING & EDUCATION ▼

首先從新兵訓練營開始

從民間入伍的新兵要接受為期數週的新兵訓練（基礎的訓練）。頭髮被剃短，接受健康檢查和牙科檢查，領到制服和辨識章。學習在宿舍的生活規則，並且學習整理整頓和打掃的方法。測量身體能力後，終於要做體能訓練了。接受洗禮如簡單的行進（排成隊伍行進是組織行動的第一步）、跑步（每天逐漸拉長距離）、使用繩索垂降、在布滿鐵絲網的場地匍匐前進突破障礙物進行通過訓練等。射擊訓練等使用武器的訓練一開始只有一點點。雖然各軍種會進行同樣的訓練，不過陸戰隊很嚴格，空軍有比較輕鬆的傾向。

嚴格的新兵訓練後接下來進入高級的新兵訓練。雖然新兵這時會分成各種領域，不過比起本人的希望更重視適性和能力。若是陸軍就分成步兵、裝甲兵、砲兵等兵種；海軍則是射擊、航海、輪機等職務範圍；空軍則分成整備、武裝、防空等職種，必須學習在各自的領域執行任務時最基本所需的知識與技能。

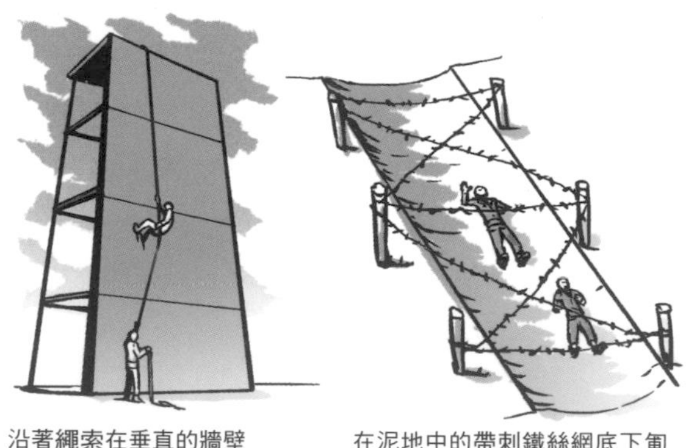

沿著繩索在垂直的牆壁下降的繩索垂降。

在泥地中的帶刺鐵絲網底下匍匐前進的障礙物通過訓練。

訓練與教育的日常

即使新兵訓練完成分發到各部隊，軍隊的平日也幾乎耗費在訓練。在職期間必須持續體能訓練，得持續接受根據階級與職務的訓練和教育。有時不同兵種會在專門學校接受訓練和教育，分別取得證照。若是步兵會有遊騎兵學校或空降學校，至於其他兵種，分別有砲兵、通信、整備等學校。此外，還有熟悉全新戰術與裝備的訓練。

除了這些個人的訓練，還有提升部隊組織能力的訓練。有小部隊訓練、大部隊訓練、提高與其他部隊聯手的訓練，以及與外國軍隊進行的**共同訓練**等。共同訓練以提升互操作性（相互運用性）為主要目的，不過與不太友好的國家軍隊進行共同訓練，加深交流與相互理解也是目的之一。

在訓練中，尤其設想實戰狀況進行的訓練就叫做演習。演習有部隊實際行動的**實際演習**，和不移動部隊，進行模擬的**圖上演習**。

成為軍官、將官之路

軍官學校和**防衛大學**是培養軍官成為軍隊幹部的機構。入學者幾乎是平民，接受成為軍人的基礎訓練。因為成為軍隊幹部的人才被要求廣泛的學識，所以不只軍事知識，也像普通大學一樣要學習普通教育。畢業後成為軍官候補生，累積勤務經驗後成為少尉（3尉）。也有像美國的軍官候補生學校一樣的專屬軍人的軍官培訓機構。防衛大學的畢業生會先進入陸海空的幹部候補生學生（也能從一般大學入學），畢業後任職3尉。

要晉升將官必須在**陸軍研究所**（美國陸軍）、**幹部學校**（自衛隊）繼續接受教育，才能成為上級指揮官。

在這些機構的成績有時會影響日後的晉升或職務。在舊日本海軍畢業時的成績排名會影響所有的人事。俗稱**吊床號碼**的這個制度，扭曲了本應適材適所的人事。

軍裝與禮儀

▼UNIFORM & PROTOCOL▼

▶ 軍制 ◀
▶ 組織 ◀
▶ 軍人 ◀

制服是所屬與戰鬥員的標記

制服（軍服）是隸屬特定軍事組織的標記，在國際法上為了戰鬥中的識別也必須穿上。另一方面民兵或義勇兵等非正規的部隊，用臂章或帽章等代替制服表明自己的身分，就會獲得國際法上**戰鬥員**的資格。

各國正規軍隊的軍服大致分成**戰鬥用**和**平常勤務用**，以及**儀式用**。戰鬥用製作時著重於功能性和實用，例如陸軍的戰鬥服重視符合作戰地區環境的保護色，採用卡其色或橄欖色，或是配合作戰地區的環境加上迷彩。平常勤務用的制服在平時或日常的勤務，後方的文書工作時穿著。最近平常勤務時也穿著戰鬥服的情形增加了。禮服是在特別儀式時穿著。這些依照季節與氣候也會改變。

勳章是儀式時，雖然穿戴包含獎章的正勳章，不過平常勤務時是穿戴略綬（和附在勳章上的緞帶相同花樣的小緞帶）。戰鬥服不會配戴勳章。

敬禮也有各種動作

說到軍隊的問候就是**敬禮**。一般敬禮是舉起右手的**舉手禮**。舉個例子，上臂成水平，右手指頭併攏，手掌平坦，拇指也貼著食指直直地指著眉毛。

舉手禮依照國家與軍種有各種形式。有的是指尖貼著帽簷，或是手掌讓對方看見。此外，像是在狹窄的艦內手肘不會突出，有時按照場所略有不同。

還有手放在心臟位置的**扶手禮**，以前的納粹禮般手臂筆直舉起的形式的敬禮。

如何稱呼上級？

軍人在稱呼其他軍人時，會在姓氏後面加上軍職或階級變成如「〇〇上校」。有時對於上級只會稱呼「長官」或「女士」（上級為女性時）。絕對不能用名字稱呼上級。

軍人的一生

▼ LIFE OF SERVICEMAN ▼

- 軍制
- 階級
- 預備役

只有少部分的人當上將軍

順利完成軍務一定期間，若被認同具備更能委以大任的資質，階級就會提升。成為一名士兵入伍的軍人只要認真執勤，幾年後就會成為士官，經歷分隊長、軍官的輔佐、本部勤務等。或許會學會空降或特種部隊等高度技術。

但是從士兵晉升為士官，從士官晉升為軍官時，會有嚴格的審查，常常在這時停止晉升。從士官晉升為准尉或軍官的不過是極少部分的軍人。許多人停留在士官，最後來到退休年齡退役。

另一方面，軍官學校的畢業生很快就成為少尉。若是陸軍，少尉相當於小隊長，22歲就率領由40名左右的士官和士兵組成的部隊。2～3年後晉升為上尉（中隊長），之後，雖然時期因人而異，不過應該會成為校官指揮大隊，或是在師團或旅團本部工作。倘若更進一步接受教育累積經驗能力獲得認同，也會開啟成為將官之路。右表為從一名士兵

年齡	階級	職務／事件
20	二等兵	入伍
21	一等兵	進入軍官候補生學校
22	少尉	小隊長
23	中尉	
24	上尉	中隊長
33	少校	大隊長
39	中校	
42	上校	連隊長
46	准將	副師團長
49	少將	師團長
52	中將	軍司令官
55	上將	聯合軍司令官

晉升為上將，極為罕見的美國軍人的例子。

軍人也有退休年齡，雖然依照階級而有不同，不過將官是60歲左右，其他階級是53～56歲，階級越高越晚退休。近年也可以看到以技術職為主延長退休年齡的動作。或者有些組織採取的制度是決定任期，該期間內若未晉升到一定階級就不延長任期。

執行任務時如果出意外或染病死亡便會殉職。在戰鬥中死亡就是陣亡。有時會為殉職者或陣亡者舉行出殯儀式或追悼儀式。退役、殉職、陣亡的軍人或遺族可以領到撫恤金（年金）。

如果在軍務中做出英雄式行為或有巨大功績時，或者在戰鬥中負傷時，會被授與**勳章**。通常是使用星星、十字等傳統象徵的獎章，加上色彩鮮豔的緞帶點綴。長年工作或特別勤務被授與的**勤務章**、**從事章**（這些通常也不稱為勳章）通常是圓形。尤其卓越非凡的英雄行為被授與的勳章，有英國維多利亞十字勳章、法國榮譽軍團勳章、美國議會名譽勳章等。除了儀式等特別的場合，並不會配戴獎章，而是在左胸配戴與緞帶同色的略綬。

預備役也是重要的兵力

全職參軍的軍人叫做**現役**（Active Duty）。退離現役的軍人叫做**退役軍人**，而有危機時恢復現役的軍人叫做**預備役**。預備役每年必須接受一定期間的訓練以維持技能。美國除了現役的軍隊，還維持由預備役組成的**預備軍**（Reserve），和現役部隊共同訓練等，努力維持技能。此外美國除了國家的軍隊（聯邦軍），還維持隸屬州的**州衛隊**（National Guard），這些部隊也是有危機時會被編入聯邦軍參加實戰。

日本自衛隊的情況，從退休的自衛官採用的**即應預備自衛官**相當於預備役。即應預備自衛官被招集後，主要是身為第一線部隊的一員與現職的自衛官共同執行任務。相對地**預備自衛官**是從事後方支援等，從退休的自衛官採用時，有時是從一般志願者採用的預備自衛官補採用。

軍隊的任務

肩負安全保障重任之人

軍隊主要的任務是**安全保障**。就是抵抗外國的暴力守護國民的生命與財產。許多國家並不單獨追求安全保障，而是與同盟國合力進行。如果配備能充分抵抗外國侵略的軍事力，就能讓敵對國打消念頭。

具體而言可說是事前察知防止敵人侵入，並且擊退侵入領土、領海、領空的敵人。為了達成防衛任務，需要**情報收集能力**、擊退飛來的飛機或飛彈的**防空能力**、擊破敵人的**攻擊力**（火砲、飛彈、戰鬥機、攻擊機、船艦等，能重創敵人的火力）、將部隊迅速移動至必要場所的**機動力**（戰鬥車輛、直升機、空降、登陸用船艦等）等。當然，妥善地指揮部隊，正確且迅速地傳達命令，交換情報的**指揮通信能力**和彈藥等的**補給能力**也很重要。即使軍隊有一項能力十分傑出，要是有的能力比較差，整體戰力絕對不會多高。

此外，雖然脫離安全保障，不過也能看到作為國力象徵或國民的驕傲保有軍事力的情況。

國內的任務

媒體上常常報導，軍隊在大規模災害時，會參與救援、復興活動（**災害派遣**）。此外，還會支援國民的活動，或是進行未爆彈處理等危險的任務（**民**

生支援）。開發防衛相關技術也幾乎是軍隊站在指導的立場進行。

有時也會因為反恐行動等與警察合作從事國內的治安維持。在發展中國家也會看到軍隊取締或鎮壓反政府活動。

在少數地區也有出動消滅害獸的例子。

國外的任務

在國外保有能執行任務的優秀機動力、指揮通信能力、補給力的軍隊，會在國外執行各種任務。主要任務是聯合國或有志聯合展開的**國際和平合作活動**，監視紛爭當事者停戰後是否遵守協定，或是解除當事者的武裝。也會進行因為紛爭遭受破壞的**基礎建設復興支援**。有時也提供武器教導使用方法，或是派遣軍事顧問為當地的**治安維持**或**集團的安全保障**作出貢獻。

和國內相同，在國外發生大規模災害時的**救援、復興活動**也是重要的任務。因為軍隊不用接受其他組織的支援，具備能夠活動的自己完結性，所以在基礎建設被破壞的環境也能執行任務。

軍隊在國外採取軍事行動在現代是罕見的事。而且大多是展示軍事影響力，換言之就是向他國展示軍事力讓外交對己方有利，進行伊拉克戰爭那種軍事制裁是很罕見的事。

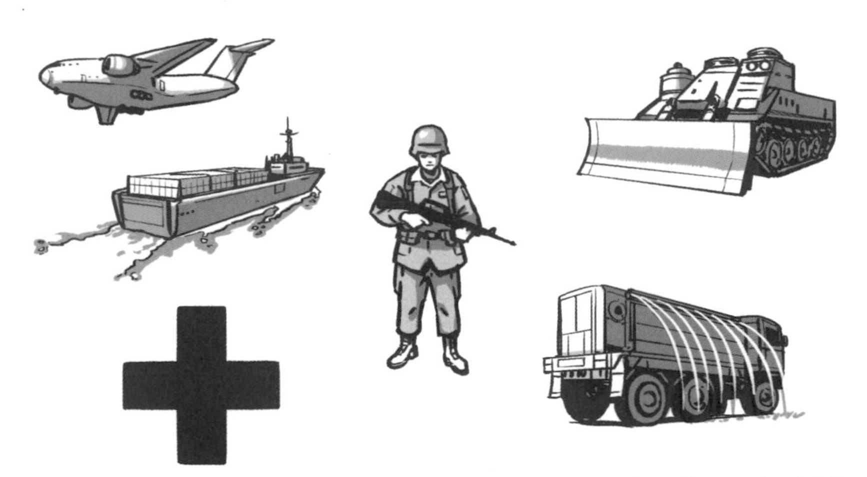

軍隊不只戰鬥部隊，負責輸送、醫療、土木、化學戰等的各種支援部隊皆隸屬軍隊，因此自己完結性很高。

戰地的生活

LIFE OF THE FRONT

- 支援部隊
- 後勤
- 衣食住

戰鬥後方地區

如果待在建設在國內或國外的長久基地，就會正常提供衣食住給士兵，不過假如奔赴前線，就必須在臨時基地或野營地執行任務，衣食住也容易變得簡單。即使如此如果待在遠離戰場的**戰鬥後方地區的基地**，就能度過稍微好一點的生活。軍隊到國外遠征時，會設立一些基地作為指揮中心或補給中繼點。縱使基地遠離戰場，一般為了防備游擊隊或恐怖分子的攻擊，會以地雷區、塹壕、鐵絲網、監視塔、混凝土塊圍住，和居民隔離。

基地內設置許多臨時建築物和大型帳篷，也展開形形色色的支援部隊。可以在販賣部（PX）買東西，還可以在宿舍玩遊戲殺時間，看電視或電影，還能使用網路。若是大規模基地還有健身房，備有活動身體的器材。如果是後方的大規模基地，民間軍事公司還會提供熱食等支援衣食住。

如果待在這種基地裡面，除了擔任警備任務和處於戰備狀態的部隊，要和國內的基地度過同樣的生活並非不可能。平時努力進行長跑等早上的體能訓練、射擊訓練等奔赴前線前的準備與休養。

戰場的衣食住

隨著接近戰場建築物消失，帳篷和移動式拖板車並排，稱為**野營地**的場所變成士兵們的生活場所。軍隊在這裡全都食宿自理。**軍需科**在此非常活躍。

軍需科是供給食物、衣服、帳篷、燃料、彈藥、淡水等的支援部隊，為了能跟著戰鬥部隊，保有各種移動式的支援車輛。舉個例子，有**野外入浴組**（也用來清除放射性物質和生物化學兵器的污染）、**野外洗衣組**、**野外炊具**（原野廚房）、**淨水組**（利用逆滲透膜的淨水裝置）等。伙食也準備了不用調理，加熱就能提供的食物。例如組合式集體口糧（UGR），這是50人份飯食的大扁罐和一次性的餐具為一組，整罐加熱後分食。

醫療兵在哪裡！

從負傷到士兵的大敵足癬，**衛生科**的**軍醫**和**醫療兵**負責管理士兵的健康與食物飲水衛生。因為軍隊被要求自我完結能力，所以設備與人員也能與部隊隨行，其中還有能動手術的車輛。師團和旅團有**野戰醫院**，規模較小的部隊設有稱為包紮所的簡易治療設施。前線部隊有醫療兵偕同，擔任急救人員。重傷者會被後送到野戰醫院，施行野外手術系統等救生措施。重傷者被後送到軍團規模部隊配置的設備更加完整的設施，病情穩定後運送到醫院。

在野外使用的設備例子

自衛隊的「野外炊具2號」。可以煮50人份的飯給隊員吃。

自衛隊的手術車。裝貨的貨櫃左右打開，確保寬敞的手術空間。

前線的一天

▼ A DAY OF THE FIELD ▼

在最前線基地

最前線總是防備敵人襲擊處於臨戰狀態。士兵以**最前線基地**（FOB：Forward Observation Base）為據點執行任務，同時度過生活。

FOB設在鄰接敵方勢力圈的地區，是大約300m的正方形陣地。周圍設置了地雷區、塹壕、野戰工事、鐵絲網等，有時也會打造監視塔。在FOB中央附近設置發電機、指揮所、彈藥庫、燃料庫等脆弱的設施。為了在遭受攻擊時將被害減至最低，個別用野戰工事圍起，並用土袋、沙袋、木材等強化。在FOB周圍設有幾座**前線監視所**（OP：Observation Post）。這是只有1個分

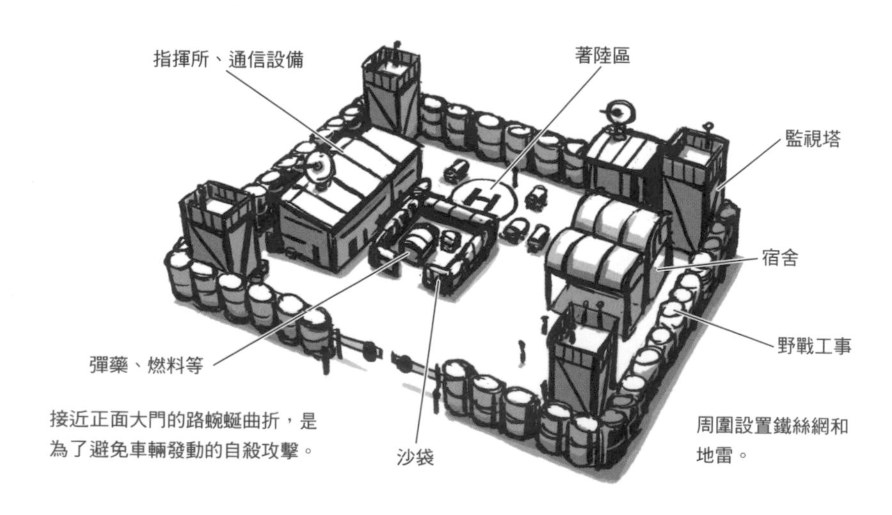

隊（10名左右）的小型陣地，挑選俯視FOB的土丘頂點等要地，作為FOB的耳目。

士兵在帳篷裡睡覺，遭受敵方砲擊時，為了將帳篷的被害抑制到最低，各自分開用沙袋圍住。

廁所是急忙趕造而成。小便流進斜插在地面的管子裡，直接滲入地下。大便則要挖洞掩埋，潑灑燃料燃燒。也沒有淋浴設備。頂多用海綿浸泡瓶裝水擦拭身體。

口糧（攜帶乾糧）有許多種類。雖然在後方基地會提供熱食，不過在前線則是提供像美軍的**MRE口糧**（Meal, Ready-to-Eat）般，開封後可以直接吃的食物。但是，有時會附帶利用化學反應產生熱能的加熱器，在前線就可以不必用火。為了輕量化不用瓶罐，而是以軟罐頭食品為主。正在戰鬥等完全沒時間的情況下，只能藉由能量棒等食物補給營養。

FOB的士兵分成小隊或分隊，以數日為單位輪流完成巡邏／緊急出動、基地警備、前哨勤務等。

由於在FOB的勤務精神緊繃，所以值勤數週或數個月後，會和其他部隊輪流替換在後方基地休養。

戰場的一天

雖然根據任務或職務而有不同的種類和順序，不過一天的開始，早一點是凌晨4點，最遲上午9點就要起床。用寶特瓶的水刷牙，有替換的內衣褲就換上。早餐是簡單的MRE口糧。武器和裝備檢查完開會後，便去執行警戒四周或巡邏等任務。巡邏並非開戰車等重裝備，主要使用裝備重機槍的輕型車輛，有時會伴隨裝備榴彈發射器的支援車輛。巡邏時要注意可疑人物、車輛或物體，尤其發現IED（簡易爆炸裝置）是非常重要的任務。有時要進行盤查，檢查通行的人物與車輛是否攜帶武器或爆裂物。巡邏時也常常沒時間吃午飯，就算有大概也只是吃MRE口糧解決。如果返回基地或許晚餐能吃到熱食，不過假如接近前線，晚餐一樣吃MRE口糧也並不稀奇。就寢時間是晚上9點，但是夜晚也必須輪流站哨保持警戒。

戰爭與心靈

COMBAT STRESS

- 戰爭壓力
- PTSD
- 精神

砲彈休克症

戰爭這種強烈的體驗，會傷害人的精神。和家人離別在異國執行緊張的任務，體驗眾多死亡的前線士兵，暴露在嚴酷的壓力下。結果，不少士兵受攻擊衝動、酒精依賴、憂鬱、自我厭惡、不安、冷漠、疲勞感、集中力低下等問題所苦。這些總稱為**戰鬥壓力**。

戰鬥壓力被理解為疾病是在第一次世界大戰以後。始於當時的軍醫在診斷塹壕戰中暴露於砲彈下的幾千名士兵時，看到在這當中屈服於精神壓力與恐懼的士兵。士兵們非常疲勞，其中也有人陷入瘋狂。雖然他們的症狀當初是「未確定診斷」，不過後來俗稱為**砲彈休克症**。這是因為認為原因出在敵方砲擊的聲音與衝擊。

然而大部分的軍官和醫生，不認為那是精神的外傷所引起，認為只是個人內心脆弱。應該接受治療的士兵們，被視為只是懦夫。砲彈休克症的症狀因人而異，有些例子從經歷戰場經過一段時間才會出現，這也讓診斷變得困難。

也沒有空間足以收容訴說砲彈休克症症狀的所有人。若是軍官，通常可以退下前線，受到進入特別醫療設施一個月的待遇，不過最前線的士兵則是被帶到野戰醫院，並不會施行精神治療。然後和同樣受到精神衝擊的人一起度過無所事事的時間，接受只是個懦夫的汙名。

PTSD

第一次世界大戰後，開始對於戰鬥壓力引起的精神障礙進行各種研究。例如，根據觀察陷入砲彈休克症的士兵們，奧地利的精神分析學者西格蒙德・佛洛伊德（1856～1939），在1920年針對反覆強迫型外傷性惡夢發表了研究論文。經過這些研究，不只砲擊，也逐漸看清長期間戰鬥所引起的戰鬥壓力，最後開始稱為戰爭神經症、戰鬥疲勞、精神病損害。

越南戰爭對美國的年輕人來說非常殘酷。歸國的士兵大多變成戰鬥壓力的犧牲者，像《越戰獵鹿人》、《藍波》等以從越南回國的士兵為主題的電影也製作了不少。後來戰鬥壓力變成了精神障礙之一PTSD（創傷後壓力症候群）。和事故等相同，戰爭的殘酷經驗會藉由夢境或經驗重現再度體驗，在戰爭的數年後仍殘留下來。

戰鬥壓力的防止與治療

第二次世界大戰時，美軍讓診斷為戰爭神經症的士兵和夥伴分離，收容到野戰醫院後，最後送到隔離病房。另一方面德軍認為戰鬥壓力是一種負傷。因此不送至後方，為了讓士兵感受到與部隊的情誼，緊隨在前線後方進行治療。陷入戰爭神經症的德軍士兵，自願返回前線，能感受到戰友們需要自己，這就是最有效的治療。

現在美軍認真地面對戰鬥壓力，為了預防，對於有戰鬥壓力徵候的士兵施以**4R**，也就是休養（Rest）、補給（Replenishment）熱食和豐富的飲料、讓他安心（Reassurance），知道自己並非膽小，以及恢復自信（Restoration）。不幸陷入戰鬥壓力時，就根據**PIES**的原則，也就是「就近（Proximity）」、「立即（Immediacy）」、「期待（Expectancy）」、「簡單明瞭（Simplicity）」，除非必要，否則一律採取在原隊附近治療的方針。

災害派遣

▼ASSISTANCE OPERATIONS▼

▶ 作戰 ◀

▶ 後方 ◀

▶ 救援活動 ◀

不只災害時的救援活動

自衛隊在2011年東日本大震災時動員了10萬人，進行了空前規模的**救援活動**。發表了自衛隊隊員全員集合的**第三種非常召集**這種最嚴重宣言，此外也召集了預備自衛官和即應預備自衛官。出動的陸海空自衛隊各部隊被統一調度，司令部設置在仙台。此外，在日本國內發生恐怖攻擊、游擊戰或重大災害等時候，為了能迅速且無縫對應事態所編成的**中央即應集團**也在福島核災時出動。當時，美軍實施了以駐日美軍為主的大規模救援活動「朋友作戰」，投入了包含船塢登陸艦「艾塞克斯」和航空母艦「羅納德・雷根號」在內的20艘艦艇、運輸機等飛機約140架、約1萬8000名人員。尤其船塢登陸艦，由於能夠運用氣墊登陸艇和直升機，所以在沒有港灣的地點，或是在受災的港灣也能讓人員和物資登陸，對於救助負傷者，或恢復基礎建設做出巨大的貢獻。

災害時要求軍隊或自衛隊出動的理由是，他們擁有許多接受野外活動訓練的強健人員；能使用直升機或車輛等，在道路外也擁有高度機動力；像東京地鐵沙林毒氣事件或禽流感流行時，擁有在特殊環境下也能行動的部隊；建立獨自的補給體制，在基礎建設遭受破壞的環境也能行動等。

軍隊或自衛隊的機動力在對海外的救援活動時也能發揮威力。縱使日本，只要國際機構或受災國家政府提出請求，即可經由運輸艦或包機的外國大型運輸機等，迅速派遣醫官、淨水組、車輛、直升機等。

自衛隊在重大災害時以外，也進行各種救援活動。2017年度自衛隊進行的救援活動，風災水災與地震善後11件、急患運送401件、搜索與救援16件、消防活動66件、其他13件，合計達到507件。日本國民對自衛隊最期待的任務是救援活動，而非國防，也能聽到這樣的意見。

事故、災害	自衛隊的救援活動
阪神大地震（1995）	救助與搜索倖存者等，101天合計動員225萬人。
東京地鐵沙林毒氣事件（1995）	奧姆真理教發動化學武器恐怖攻擊，化學防護隊出動。
JCO臨界事故（1999）	鈾臨界事故，化學防護隊出動。
禽流感（2004）	為了去除污染、防疫而出動。
口蹄疫（2010）	為了去除污染、防疫而出動。
東日本大震災（2011）	救助、搜索倖存者和支援避難等，以10萬人陣勢出動。
菲律賓海燕颱風災害（2013）	醫療、防疫、運輸援助物資，約出動1,000人。
熊本地震（2016）	醫療、防疫、運輸援助物資，合計動員80萬人。
山林火災（2017～2018）	在各地的森林火災合計有37輛車輛、111架飛機灑水。
禽流感（2018）	確認在香川縣發生，出動處理防疫。
草津白根山火山爆發（2018）	出動車輛與飛機拯救人命。
福井縣大雪（2018）	出動救助拋錨的許多車輛並支援鏟雪。
2018年7月西日本豪雨（2018）	在各地的豪雨災害出動3萬人，包含即應預備自衛官。

對UFO、對UMA

如果**不明飛行物**（UFO）出現，軍隊該如何應變？假如能用雷達探測UFO，在進入防空識別區時空軍軍機會緊急起飛，應該會接近到能目視的距離。空軍軍機會按照一般步驟，用無線電呼叫要求UFO離開，假如沒有回答呢？除非UFO發動攻擊，不然軍隊會猶豫攻擊，假設攻擊應該是侵入領空時吧。

另外，應付**未確認生物體**（UMA）也想像得到。實際上1950～1960年代有個例子，自衛隊使用武器驅除危害漁業的北海獅，被賦予以其他組織不能處理的「巨大生物」為對象的消滅害獸任務，軍隊就有可能出動。自衛隊使用武器的行動，有個例子是擊沉著火漂流的油輪。

軍種、聯合軍

▼ COMMAND STRUCTURE ▼

- 軍制
- 指揮統制
- 統合運用

基本是陸、海、空三軍

大多數情況下，國軍是由陸、海、空三大**軍種**所構成。日本的自衛隊也由陸上自衛隊、海上自衛隊、航空自衛隊等三隊構成。提到軍隊，這三者正是代表，總稱為「**三軍**」。但是並非所有國家皆以「三軍」構成。**陸戰隊**、**戰略導彈部隊**、**宇宙軍**、**空降軍**等是獨立的軍種，也有沿岸警備隊或國家憲兵等準軍事組織構成軍隊的情形。另外，像納粹的武裝親衛隊、《機動戰士Ｚ鋼彈》的迪坦斯等，也有國家指導者獨立的私兵軍隊。

大部分國家根據**文民統制**（civilian control），最高司令官並非軍人，而是由文民總統或首相擔任。此外維持、管理軍隊與預算編列是**行政機關**（美國

美國的指揮系統

- 總統 — 國家安全保障會議（白宮）
- 國防長官 [國防部]
- ← 建議 — 聯合參謀本部議長 [聯合參謀本部]
- 各部隊（聯合軍）

日本的指揮系統

- 內閣總理大臣 [內閣]
- 防衛大臣 [防衛省]
- ← 建議 — 聯合幕僚長 [聯合幕僚監部]
- 陸海空自衛隊

美國的聯合參謀本部議長是全軍最高位的軍人，日本的聯合幕僚長是自衛隊最高位的隊員，不過絕對不是司令官。他們輔佐身為司令官的總統（國防長官）、總理大臣（防衛大臣），工作是給予建議。

的國防部、日本的防衛省）的工作，其長官也是文民。總統與首相命令軍隊採取作戰行動時，會接受由軍人構成的**參謀機關**的建議。

藉由聯合軍運用的美軍

現代戰爭中各軍種的密切合作不可或缺。尤其在全球展開軍事力的美軍更是必須的。海軍及陸戰隊在前方展開，空軍能立即展開。空軍的運輸機與海軍的運輸船運送陸軍，幾乎無法想像各軍種獨立作戰。在美國為了讓各軍種的協同作戰順利進行，陸海空三軍及陸戰隊幾乎所有的實戰部隊皆編入**聯合軍**（United Commands）。聯合軍接受總統（國防長官）的直接命令，由四軍提供的部隊在一名司令官底下統合運用。

各地區聯合軍	負責地區
北方軍	北美大陸。以防衛美國本土為主要目標編成。
中央軍	主要在阿拉伯海周邊的中東地區、中亞、東北非。負責波斯灣戰爭和伊拉克戰爭等。
非洲軍	非洲大陸。負責2011年的利比亞內戰等。
歐洲軍	歐洲大陸、俄羅斯、土耳其、格陵蘭。與北約組織國家合作執行任務。
印太軍	負責亞洲、太平洋、印度洋地區。
南方軍	中南美。警戒巴拿馬運河、加勒比海等，最近也傾力對付毒品組織。

各功能聯合軍	負責任務
特種作戰軍	統合運用四軍的特種部隊，負責特種作戰。
網軍	負責網路戰。
戰略軍	指揮戰略導彈、導彈核潛艇、戰略轟炸機等核三位一體，以備核子戰爭。
運輸軍	負責長距離運輸機、運輸船等。

準軍事組織

PARAMILITARY

- 國境警備隊
- 沿岸警備隊
- 國家憲兵

軍隊與警察之間

正如**國境警備隊、沿岸警備隊、國家憲兵**，準軍事組織（Paramilitary）是位於軍隊與警察之間的組織。雖然並未擁有像軍隊的重裝備，不過擁有的裝備與市警等不能相提並論。和普通軍隊最大的不同點是，擁有逮捕、拘束平民的權利，對一般警察責任過重的任務，如**國境**與**領海的警備、鎮壓暴動、維持治安**等，以專門的警察活動為任務。

組織方面有時和軍隊是不同組織，即使隸屬軍隊，平時也在其他省廳的管理下，戰時也會編入軍隊的指揮下。這來自軍隊的文民統制思想、忌諱軍隊這種強大武裝組織擁有警察權的思想，同時也是為了除非特殊情形將軍隊與警察分開。

國家憲兵

與舊日本陸軍的憲兵和美國陸軍的憲兵不同，國家憲兵是從其他軍種獨立的組織。也作為一般警察機關（行政警察和司法警察）與軍隊內的法律執行機關。

憲兵（Gendarmerie）是法國的「四軍」之一，是每個部門負責各種任務的國家憲兵。不只軍隊內，在除了城市地區的法國全境進行一般的警察活動，此外甚至隸屬高速公路巡警和總統警備，以及負責反恐行動的部門。有時也會派遣海外，進行國際維持和平行動等。根據任務，由內務大臣和國防大臣指揮。

卡賓槍騎兵也是義大利的「四軍」之一，儘管在國防大臣的管轄下，平時卻有警察機關的功能，有事時是軍隊的憲兵，另外也是擁有實戰部隊功能的組織。也接受派遣進行國際維持和平行動。雖然義大利有國家警察或財務警察等許多警察機關，不過重大事件和反恐任務主要是由卡賓槍騎兵負責。

在亞洲、非洲、南美國家也存在許多擁有**治安警察**等名稱的國家憲兵組織。

國境警備隊、沿岸警備隊

國境警備隊的任務是因應國境紛爭或反情報活動等，比一般警察擁有重裝備，任務也特殊化。通常置於保安機關旗下，在冷戰下的蘇聯是國家保安委員會（KGB）的一部分。

沿岸警備隊不只領海，也是警備廣闊經濟海域的組織，進行確保治安（檢舉海事犯罪、非法捕魚對策、走私偷渡對策、海上紛爭的警備、反恐行動、打擊海盜、對應不明船與間諜船）、確保海上交通安全、救難活動等。若是大型巡視艇，有時會搭載裝備火砲的直升機。

美國的沿岸警備隊在美國國內法上是軍隊的一部分，不過平時置於國土安全部的管理下，而非國防部。在伊拉克戰爭時被派去警備波斯灣。

美國的軍隊與準軍事組織

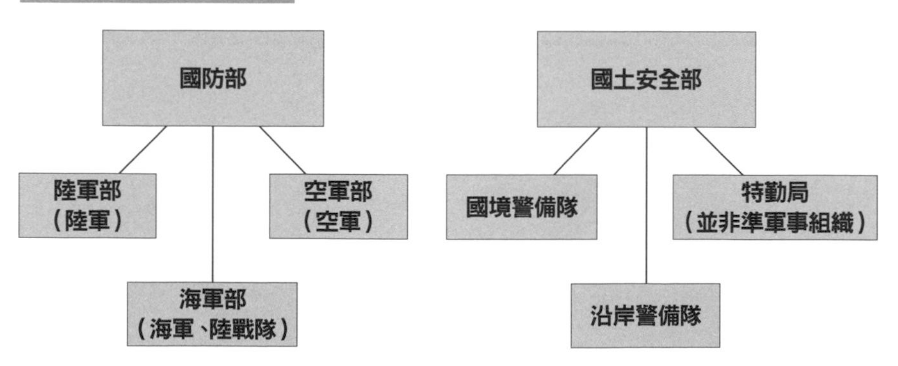

COLUMN

交戰規則

所謂**交戰規則**（ROE：Rule of Engagement），是國家制定了部隊在哪種情況下能使用哪種武器。同屬武裝集團的軍隊如果在緊張狀態下遭遇，就有可能發展成意想不到的戰鬥。為了防止這點，並且為了在萬一戰鬥時防止擴大而決定交戰規則。與此同時如何從威脅保護自己，這也決定了方法。

ROE規定了能在何時、何處、對誰、如何行使軍事力，不過由於在安全保障上也是非常重要的問題，所以一般不公開具體的內容。

讓我們以實際發生的交戰為例，看看在何種條件下允許使用武器。

1981年美國海軍機與利比亞軍機在蘇爾特灣交戰。敘利亞主張國際上被視為公海的海域是領海，美國為了對該國施加壓力，在該海域進行航空母艦部隊的演習。正在此時，2架利比亞軍機接近航空母艦。進行空中巡邏的美國海軍的2架F-14為了阻止他們而接近時，利比亞軍機朝著F-14發射了紅外線自動導向飛彈。F-14迴避飛彈，繞到利比亞軍機背後去，用響尾蛇紅外線自動導向飛彈反擊，受到攻擊的美國軍機的反應可謂理所當然。另一方面利比亞軍機看到美國軍機接近，推測是不由得發射了飛彈。

1987年正值兩伊戰爭，警戒波斯灣的美國海軍史塔克號巡防艦發生了遭受伊拉克軍機攻擊，造成37人死亡的事件。雖然史塔克號對於「敵對意圖」獲得了自衛許可，不過並未揭示「敵對意圖」具體而言是指什麼。被預警管制機通知伊拉克軍機接近的史塔克號用雷達探查伊拉克軍機。此外雖然知道伊拉克軍機的射控雷達捕捉到（鎖定）自艦，卻在此時遲疑了。應該攻擊伊拉克軍機？還是給予某些警告呢？在僅僅幾分鐘的時間內伊拉克軍機發射反艦飛彈，史塔克號未進入戰備狀態，飛彈命中了史塔克號。

之後，美軍將射控雷達的鎖定包含在敵對意圖，而非一定要「發射」飛彈。

MILITARY ENCYCLOPEDIA

第2章

戰爭、紛爭

戰爭

何謂「戰爭」？

戰爭是國家與政治集團彼此使用武力鬥爭。國家與政治集團平時藉由外交主張彼此的意思。相對地，戰爭是藉由軍事力強逼對方接受自己的意思。

外交與戰爭兩者皆可說是政治的交涉手段。雖然平時藉由外交進行交涉，不過擁有軍事力會讓對方思考戰爭的可能性。另外，雖然戰爭是藉由軍事力進行交涉，但並非完全不進行外交。兩者都是重要的政治手段。

武力引起的鬥爭也稱為**紛爭**（conflict, dispute）。國際法上，所謂紛爭是指包含戰爭的廣義鬥爭。但是即使軍事方面未演變成軍事行動，兩國間關於事實關係和條約而有對立時，或是小規模的軍事衝突等就稱為「紛爭」。但是雖然福克蘭群島紛爭（1982）是大規模的軍事衝突，但由於地區限定在福克蘭群島及其周邊，所以通常稱為「紛爭」。

總體戰

第一次世界大戰（1914～1918）、第二次世界大戰（1939～1945）是各國傾盡全力長期持續的激烈戰爭。所謂**總體戰**是指動員全部國力的戰爭，不只軍事，為了統一發動戰爭，連政治、經濟都置於統制下。此外為了提高國民的士氣與團結力，連思想、文化、藝術都成為進行戰爭的道具。兩次大戰皆以世界規模進行，歐洲的大部分、北非、亞洲、西太平洋成為舞台。第二次世界大戰成為許多小說、電影、遊戲的題材，想必各位都曾經看過吧？

波斯灣戰爭是最後的「戰爭」？

第二次世界大戰後，美國和前蘇聯長期持續冷戰，甚至有可能爆發大規模核戰。雖然核戰並未發生，不過韓戰、四次中東戰爭和越南戰爭等限定地區，發生大規模軍隊組織展開激烈的戰車戰和航空戰。以戰車和飛機為主構成的軍隊組織，最後正面衝突的戰爭是波斯灣戰爭（1991）。當時伊拉克軍擁有中東第一的戰力，配備大量的戰車，因此以美國為主的多國籍軍必須集中大兵力攻擊伊拉克軍。另一方面，伊拉克戰爭（2003）時伊拉克軍的戰力大幅下降，主要是民兵集團與美軍作戰。伊拉克戰爭在巴格達陷落後，兩陣營的裝備與態勢有大幅差距的戰鬥就稱為**非對稱作戰**。現在在阿富汗仍然持續的戰鬥也是非對稱作戰。

以前軍隊組織通常是為了與軍隊戰鬥。因此與游擊隊或民兵等的戰鬥，情況與原本的任務不同，有時稱為**非正規戰**。但是21世紀的現在，軍隊必須設想敵人是游擊隊或民兵，或者是恐怖分子，這逐漸變成「正規」的戰鬥。

下面表格揭示了戰爭面貌的分類。

戰爭面貌	解說
總體戰	國家傾盡全力的長期戰爭。第一次、第二次世界大戰。
地區紛爭	地區限定的戰爭。韓戰、中東戰爭、越南戰爭等。
內戰	國家中對立勢力的戰鬥。蘇丹內戰、衣索比亞內戰等。
非正規戰	從軍隊的角度，面對游擊隊或民兵的戰鬥。越南戰爭等。
非對稱作戰	軍隊與游擊隊或民兵的戰鬥。伊拉克戰爭、車臣紛爭等。低強度紛爭等未演變成戰爭的恐怖攻擊、內戰、叛亂。

※並非絕對的分類。根據戰爭有時符合多個種類。

軍事力、國力

決定勝利的關鍵

軍事力決定戰爭的勝敗，是各個戰鬥結果的累積。決定勝敗的要素大致有下列幾點：

- **兵力**：戰爭時可動員的軍隊成員數量。戰爭以量取勝十分重要。
- **火力**：戰爭時能使用的兵器系統。藉由優異的兵器能讓戰鬥取得優勢。
- **物力**：戰爭可投入的物資數量。戰爭以量取勝十分重要。
- **智力**：擬出在戰爭展開的戰略、作戰的優秀指揮官、情報收集分析能力、先進的軍事研究非常重要。
- **精神力**：軍隊的秩序、士兵的勇氣、對指揮官的信賴、團隊合作能分出勝負。

為了支撐戰爭所需的國力

雖說戰爭是由軍隊執行，不過國家的各個領域都必須提供支援。供給士兵與物資、發揮指導力、精神的支援等，戰爭並非僅由軍隊戰鬥。支撐戰爭的**國力**有下述幾項：

- **人口**：國家的人口決定能動員的士兵數量。現代先進國家的士兵是養成專業技能的專家，因此不能突然增加平時的員額。但是發展中國家或以前的軍隊，通常只對平民施以簡單的訓練便培養成士兵。這種情況下人口會影響兵力。

- **產業、經濟力**：供給武器與補給品等各種物資。此外也開發優異的武器和裝備。
- **政府的指導力**：指導戰爭，鼓舞國民是國家元首和政府的重要工作。國家元首缺乏指導力的國家必定戰敗。
- **外交力**：訴諸本國行動的正當性，讓國際輿論成為友方，或是在休戰談判取得優勢。為使戰爭的勝利得到鞏固需要外交力。
- **國民的意志力**：如果國民沒有支持戰爭的意志，就無法進行戰爭。報紙或電視等大眾媒體，以及網路，在影響國民意志的輿論形成時扮演重要的角色。以前國家在戰爭時會將大眾媒體置於統制下，排除讓國民失去戰意的新聞和評論。即使現代在獨裁國家大眾媒體仍被置於嚴格的統制下。上頭會播放好戰、煽情的新聞。

先進國家無法承受長期戰爭

現代的先進國家運用高價的武器，戰爭耗費龐大的費用。美國在阿富汗戰爭和伊拉克戰爭花費的經費超過１兆美元，對國民造成十分沉重的負擔。

此外，撥出物資和人員去打仗，對經濟活動也會造成負擔。例如以色列全體國民都接受軍事訓練，是全民皆兵制的國家，戰爭時動員士兵經濟就會停擺。因此，大規模動員以２週為極限。

輿論也是重要的要素。越南戰爭時，美國的報導團隊能比較自由地在戰場上採訪。戰場的悽慘和越南人戰時體制下的悲慘生活，在美國本國的電視上播放，因此美國國民的厭戰情緒高漲。相對地波斯灣戰爭時的美軍，只允許記者**代表採訪**。所謂代表採訪是指，被選上的記者只能在允許的範圍內採訪，大眾媒體只能報導美軍謹慎選擇的資訊。

先進國家必須在輿論傾向反戰前終結戰爭。為此必須短期決戰，以最低的損害獲得決定性勝利。

戰爭爆發

▼ STAGE OF WAR ▼
- 戰爭
- 外交
- 戰略

戰爭很少突然開打

戰爭開打前有種種事前階段。兩國之間產生瑣碎的爭執，引起緊張，軍隊出動演變成衝突。這種劇本在歷史上多次重複。即使沒有演變成戰鬥也被視為敵對行為，緊張高漲的行為有下列幾項：

- **示威**：展現軍事力，施加無形的壓力。平時的巡邏活動和軍事演習有時也算是示威行為。例如美韓聯合軍事演習可說是對北韓的示威行為。
- **威嚇**：暗示行使軍事力施加壓力。如某國說：「讓○○化為火海」、「3～4分鐘內化為焦土」等公開發言也算是威嚇。謹慎行使武力的聯合國安全理事會會用「有可能造成嚴重的事態」之類的話，暗示行使軍事力。
- **封鎖**：在對象國主權外的領域行使軍事力，限制人與物資出入對象國。古巴飛彈危機（1962）之時，美國畏懼彈道飛彈被運入古巴，於是海上封鎖古巴。
- **干涉**：支持已經處於紛爭狀態的其中一方當事者，打破軍事力平衡的行為。不只國與國的紛爭，有時也會支持處於內戰狀態的國家某一方的勢力。藉由支持「民主」的勢力，或「反抗獨裁政權」的勢力，能夠闡明合法帶有大義的行為。
- **軍事援助**：支持已經處於紛爭狀態的其中一方當事者，運送兵器和物資或是軍事顧問等。

雖然有時不會發展成戰爭，不過可能成為戰爭開端的直接軍事力的行使有以下幾項：

- **恐怖攻擊或游擊隊**：並非公開的軍事行動，而是暗中讓游擊部隊或突擊部隊入侵進行恐怖攻擊。不只軍事設施，重要的公共設施、交通網等也是攻擊對象。此外散布放射性物質、毒氣、細菌對社會活動造成混亂等攻擊方式，今後也可想而知。雖然也有可能隱瞞身分展開行動，不過這違反國際法。
- **侵犯制海權、制空權**：侵入對象國的領海、領空，擊破對象國的海軍、空軍確保制海權和制空權。1990年代於伊拉克在保護庫德人等目的下，此外2011年於利比亞在保護格達費政權反對勢力的目的下限制飛行，制空權被多國籍軍和北約軍奪取了。
- **火力攻擊**：藉由轟炸、飛彈攻擊、砲擊等攻擊對象國的領土。2010年發生北韓引起的延坪島砲擊事件之時，朝鮮半島整個區域進入緊張狀態。
- **進攻**：陸上兵力入侵對象國。這可說是完全的戰爭狀態。

戰爭的預兆

雖然也可以有從完全預測不到的奇襲開戰的劇本，不過即使防禦方沒注意，也會有下列某些預兆。

- **動員**：先進國家的軍隊大多是由專家所構成，無法突然增加兵員。可是以前的軍隊在戰爭前通常會經由徵兵或是動員預備役急忙增加兵員。動員是準備戰爭的預兆。現在在發展中國家也很常見。
- **通信、移動的增加**：作戰開始前，為了準備移動部隊，或命令、報告的通信量會增加。當然應該要隱蔽，不過也有可能察覺。反之有時會增加假通信，假裝攻擊，或是欺瞞攻擊地點。重要人物的部門異動也是預兆之一。

如何打贏戰爭？

要打贏戰爭必須讓敵人失去戰意或戰力。並非只有軍隊正面衝突這個方法。平時根據本國在全球置身的情況和地理因素，計畫構築本國應保有的軍事力，或是決定在戰時運用軍事力的方法等長期方針就稱為**戰略**。戰略有以下例子：

戰略的例子	解說
殲滅敵軍使之無力化	經由戰鬥擊破敵方軍隊。
提升擊毀比率（kill ratio）	抑制我軍的損害，增加敵軍的損害。
短期決戰	在敵方準備好之前擊破對方。
持久戰	避開決戰，讓時間成為同伴。
截斷補給路線	截斷將部隊和補給品運至戰場的路線。
破壞策源地使之無力化	破壞作為作戰據點的基地或使之無力化。
破壞軍需產業使之無力化	破壞敵國的工廠地帶或使之無力化。

這些戰略有時單獨執行，有時並行彼此息息相關。直接交戰殲滅敵軍使之無力化是自古以來的戰法，說到一般戰爭的印象大概便是如此。另外，藉由兵器與戰術占優勢，持續對敵軍造成比我軍更多的損害，最後就能殲滅敵人。敵軍損害和我軍損害的比率稱為**擊毀比率**（kill ratio）。

在敵方準備好之前進行攻擊，是戰略的一個原則。一般而言攻擊方可以選擇時機與地點。這種情況下，攻擊方需要細心周到的準備和集結充分的兵力。另一方面，未能準備的防禦方需要爭取時間。在友軍的增援趕來前阻止優勢敵軍的攻擊，是非常困難的任務，自然會誕生許多戲劇。

如果正面的敵人強大，就找出敵人虛弱的地方，加以攻擊。若能成功突破，還能進入敵軍後方。通常戰線後方守備部隊也比較少，有將彈藥和燃料等運至前線的補給部隊，和指揮部隊的司令部，這些單位要是被擊破，就無法維持前線部隊的戰力。這種並非直接攻擊敵人的正面，擊破補給線與指揮系統剝奪戰力的戰略稱為**間接路線**。

所謂**策源地**是指，針對軍事基地、軍港、飛行場、以及軍需品的生產地或集聚地、交通要衝等讓軍隊出擊，或是從後方支援的地方。假如這種地方被破壞或占領，對軍隊的行動將帶來重大的障礙。

破壞敵國軍需產業的戰略，在第二次世界大戰是經由大規模轟炸進行。當時的轟炸是用無導航的炸彈進行，無法期待如現代般精密的轟炸，不只軍需工廠，也對周邊的居住地區帶來巨大的損害。此外，現代軍需產業和民間產業難以區別的領域也不少，這種攻擊可說是變得非常困難。

21世紀的新戰略

近年受到矚目的戰略有中國的「**反介入／區域拒止（A2／AD）**」。

所謂反介入，是阻止敵國將部隊移動至紛爭地區的戰略。大規模部隊總是遠離本國展開，在費用方面也很困難，在紛爭的風險提高時，實際上展開是常態。妨礙這種行為就是反介入。具體而言，就是破壞展開用的基地，或是妨礙移動路線。

所謂區域拒止是不讓他國軍隊入侵本國主張權利的海域和空域的戰略。為了達成這點不只空軍戰力和海軍戰力，也必須配備巡航飛彈，和不只攻擊固定目標，而是能把船艦當成目標的彈道飛彈等。

作戰

擬定作戰的原則

軍隊根據戰略，擬定部隊的詳細行動計畫。這個行動計畫稱為**作戰**（Operation）。擬定作戰之時主要重點是根據下列原則：

- **確立目標**：作戰目標應明確簡潔。選擇適合戰略的目標，必須徹底摧毀。在知名的中途島海戰（1942）開始時，日本艦隊被指定占領中途島，和擊破美國航空母艦部隊這兩個目標。日本艦隊的判斷在兩個目標之間動搖，結果遭受美軍的奇襲攻擊，蒙受毀滅性的打擊。

  另外，太複雜的作戰，往往很難按照戰鬥的變化應對。在雷伊泰灣海戰（1944）日軍使用航空母艦部隊當誘餌，從多個方向朝向目的地，結果部隊間的聯絡失敗，錯失攻擊的時機。這是許多部隊進行複雜的行動而失敗的例子。

- **集結戰力、補給**：目標與戰力是應該一起思考的問題。為了達成目標估計需要多少兵力和補給，這在擬定作戰時是最重要的事。必須挑選最有效的時間和地點，將戰力集中在此。這稱為**重點形成**等。
- **戰力配置合理化**：將戰力集中在重要地點，相對地其他地區的戰力也會變少。不重要的地區必須下定決心節約戰力。
- **獲得主導權**：制敵機先非常重要。一旦給予對方主導權，就會疲於奔命，很難採取有效的行動。

✪ **發揮機動力**：機動力能將部隊的能力提高好幾倍。具有機動力的部隊極有可能在戰鬥時可以挑選對自己有利的時機與地點，集結、分散非常快速，能創造出局部地區的數量優勢。此外，擁有高機動力的部隊的攻擊，能迅速突破敵方陣地，不給予對手應變的時間。從第二次世界大戰時陸上部隊以戰車和裝甲車輛為主力，變成以具有高機動力的裝甲部隊為主。現代還加上攻擊它們的直升機，變成能進行立體的機動戰鬥。另一方面，缺乏機動力的部隊無法應付作戰要求或敵方行動，不僅變成機動部隊，還很有可能被個別擊破。

✪ **統一指揮系統**：作戰的指揮系統必須整合為一。如果有多個指揮系統，或是最高層跳過中間對現場直接發出指示，就如同政治與經濟的領域，常常引起問題。為了讓陸海空三軍的共同作戰順利進行，在美國組織了聯合軍。

作戰的模式

作戰是部隊的行動計畫，有幾個典型的模式。

✪ **突破**：集中戰力突破敵方戰線一點的作戰。

✪ **包圍**：突破敵方戰線數處，突破的部隊在敵軍後方會合包圍敵人的作戰。

✪ **迂迴**：避開強大敵人前進、攻擊的作戰。

✪ **追擊**：後退時面對攻擊最脆弱，因此追趕後退中的敵人攻擊的作戰。

✪ **反擊**：迎擊進攻的敵人的作戰。攻擊中的部隊有時防禦不完備。

✪ **奇襲**：不被敵人察覺，開始攻擊的作戰。

✪ **欺瞞**：欺瞞攻擊地點的作戰。

✪ **游擊戰**：使用隱密性高的小部隊攻擊敵人側面或背後的作戰。

補給、後勤

軍隊最重要的部分

從本國運送維持軍隊，進行作戰行動時所需的軍需品、補充人員等，將死傷者或損壞的武器等送回本國，在戰場後方的活動、組織和設施總稱為**後勤**。後勤的英文是logistics。本國與前線部隊之間叫做**後勤線**或**後方聯絡線**，途中開設倉庫、補給所、補給廠、整備設施等，卡車、船舶、航空器連續不斷地運送物資。民間軍事公司也會協助後勤。

波斯灣戰爭之時，成為攻擊主力的美國第7軍團，作戰時從補給部隊接收260萬份的食糧、620萬加侖的燃料、以及每天4,900噸的彈藥。由1,300輛拖車、600輛油罐車、1,600輛燃油拖車，以及許多運輸直升機運送這些物資。

後勤的核心是**補給**。部隊所需的食糧、燃料、武器、更換零件、彈藥、衣服、醫藥品等是龐大的數量，要連續不斷地運送，對軍隊而言是一件大事。從古代中世的軍隊是以當地籌辦為基本。總之就是掠奪。到了近代之後情況稍微好一點，有時部隊司令官會寫下字據，約定之後支付採購的物資貨款。有時會支付軍隊發行的通貨軍票作為貨款。現代為了與當地人避免摩擦，很少在當地籌措物資。

後勤除了補給以外的活動如下：

★ **整備、回收**：回收因為戰鬥而破損、故障的武器、車輛等，按照破損的程度，後送至後勤線上展開的修理班，或是更充實的修理設施。

- **衛生**：傷病者按照程度，後送至設在後勤線上的野戰醫院等處治療。如果沒有充分的設施，也會活用醫療船。重症者則後送至本國的醫院。
- **各種勞役**：讓從本國補充的人員移動到前線部隊的旅行、住宿設施也設在後勤線上。其他還有入浴、洗衣、供餐、娛樂、福利等各種服務、野戰郵政和供水業務等。

空軍除了一般後勤，還組織了**航空後勤網路**。設定連接本國與前線航空基地之間的航線，在航線上要地的飛行場設立損傷機的整備回收相關設施。

在海軍艦隊則配備裝載物資，速度能跟上艦隊的**補給艦**。此外，在本國及海外的海軍基地集聚物資，設置整備部隊。

美軍的後勤

美國組織了名為**運輸軍**的獨立聯合軍，指揮、統括大型運輸機、運輸用的船舶。這是必須在全球展開部隊的美國獨有的組織，有事時也會徵用民間航空公司的客機作為**民間預備航空隊**。民間航空公司平時領取一定的補助金，在有事時協助軍方。

近年來，從美國本國運輸到世界各地的貨物，每個底板都在IC安裝記憶資訊的標籤，能讓後勤按照需要臨機應變。即使如此仍無法避免誤送，應該嚴密管理的核相關貨物也曾被送到完全無關的基地。

中東不只對美國而言，對世界來說也是重要地區，不過從美國本土到中東非常遙遠，等到有事再輸送部隊很有可能來不及。因此，美軍將戰車等重裝備和彈藥裝進**海上儲備船**這種運輸船，停泊在印度洋上的迪戈加西亞島和科威特。有事時只空運人員，讓他們使用裝載在海上儲備船的裝備。這個方法在波斯灣戰爭和伊拉克戰爭也有使用。海上儲備船也配備在關島和塞班島等太平洋地區。

非正規戰

與看不見的敵人戰鬥

所謂**非正規戰**（Unconventional Warfare）是指，與正規軍（有組織的軍隊）彼此交戰的**正規戰**不同，在敵方領土或敵人支配的地區，或者政情不穩定的地區進行的軍事行動。如**游擊戰**、入侵敵區或是從敵區逃出、顛覆工作、破壞活動、偵察活動、心理戰、反恐作戰等，稱為非正規戰的軍事行動遍及廣範圍。

非正規戰之中游擊戰最普遍。游擊隊這一詞是在被拿破崙軍占領的西班牙誕生的，意指抵抗拿破崙軍的「小戰爭」，也就是游擊戰的意思。然而現在說到游擊隊，意思變成非正規軍，或是反抗外國占領軍或國內支配權力的勢力。而他們進行的戰鬥變成稱為游擊戰。

另外，法文的「**partisan**」指屬於黨派的人或同伴，在英文意味著抵抗的「**resistance**」也和游擊隊同義。

游擊戰必然是戰力弱的勢力向戰力強的勢力挑戰的戰鬥。瞄準對方防禦薄弱的地點，讓敵人混亂是主要目的。此外，不讓對方縮小攻擊的時間與場所，藉此讓敵人不斷加強警戒，造成精神疲勞，使對方喪失士氣。結果，讓對方無法有效發揮人員與裝備。

據說是毛澤東讓游擊戰理論化及體系化。毛澤東將對日本戰爭中得到的教訓寫成游擊戰理論書，對胡志明和格瓦拉等發動獨立戰爭、革命戰爭的組織指導者造成了巨大的影響。

對於游擊隊，大國的強大軍事力無法發揮有效功能。游擊隊活動的地區是叢林、山岳地帶、都市等場所，正規軍倚賴的戰車等軍用車輛不易行動，空中轟炸對於小部隊行動的游擊隊效率也很差。

在阿富汗的美軍和北約軍，投入大量高科技武器和精密導向武器和武裝勢力戰鬥，即便如此仍持續苦戰。和這些武裝勢力的戰鬥，如對居民的心理戰等其他方法也必須同時進行。下表舉出發生非正規戰的戰爭例子。

發生非正規戰的戰爭	解說
第一次世界大戰（1914～1918）	非洲殖民地的德軍，和阿拉伯的勞倫斯所進行。
中國抗日戰爭（1937～1945）	對於入侵中國的日軍，蔣介石的國民黨軍、毛澤東的共產黨軍以游擊戰對抗。
第二次世界大戰（1939～1945）	各地對於侵略者展開抵抗運動。
印度支那戰爭、越南戰爭（1946～1975）	對於法國、美國，越南獨立同盟會、越南南方民族解放陣線、越南人民軍以游擊戰等對抗。
侵占阿富汗（1979～1989）	面對蘇聯的入侵，聖戰者組織以游擊戰對抗。
黎巴嫩內戰（1975～1976）	以色列和敘利亞介入內戰狀態的黎巴嫩，發展成複雜的紛爭。
阿富汗戰爭（2001～）	和塔利班、蓋達組織等的戰鬥仍然持續著。
伊拉克戰爭（2003～2011）	海珊政權垮台後也持續戰爭，美軍和反美武裝勢力的戰鬥持續。

非對稱作戰

在阿富汗的北約軍和塔利班的戰鬥；在伊拉克的美軍和反美武裝勢力的戰鬥；在伊拉克和敘利亞的與IS（伊斯蘭國）的戰鬥等，敵對雙方的戰力、裝備、戰術等完全不同的戰鬥稱為**非對稱作戰**（Asymmetrical Warfare）。以前北約軍和美軍這種正規軍一般主要是為了與軍隊戰鬥所組成。因此，在與塔利班或反美武裝勢力這種設想不到的敵人戰鬥時陷入苦戰。

此外近年來，軍隊也逐漸被要求因應網路恐怖主義和生化恐怖攻擊的威脅。這些新種類的戰鬥也算是**非對稱型**的戰鬥。

低強度紛爭

▼ LOW-INTENSITY CONFLICT ▼

- 非正規戰
- 民族紛爭
- 內戰

在全世界經常發生紛爭

所謂**低強度紛爭**是指，雖是超出和平競爭的政治軍事衝突，不過在規模與激烈程度這一點，還沒到視為戰爭狀態的紛爭。但是，對當事者而言絕對不算規模小或不激烈等，由於常常變成長期戰，所以比一般戰爭出現更多犧牲者的情形也不少。低強度紛爭有以下種類：

- **內戰**：由於思想或宗教等差異，國內複數勢力想讓對手承認自己陣營的主張所引發。
- **民族紛爭**：民族間的糾紛發展成紛爭。往往是在政治、文化、經濟等領域受到迫害的少數民族為尋求自立所引起。
- **國境紛爭**：圍繞領土、領海（領水）的領有權所引起。
- **獨立戰爭**：殖民地或受到迫害的少數民族為尋求獨立所引起。

舊殖民地因為大國的關係國境大多被決定，獨立後經常在國內留下少數民族或宗教間的對立，變成紛爭的火種。此外冷戰下美蘇支援各自的勢力，使

恐怖攻擊 非正規戰 低強度紛爭 正規戰爭 戰域核戰 戰略核戰

頻率高 ←→ 強度大

紛爭過激化的例子很多。

民族紛爭的特色是出現重大犧牲。在盧安達內戰有數十萬民圖西族遭到虐殺。另外正如庫德人，同一民族橫跨多個國家居住的情形也會變成紛爭的火種。

國境紛爭一般是長期間、斷續地進行戰鬥，不過1982年發生的福克蘭群島紛爭是，阿根廷主張對英國領有的該群島擁有領有權，由於用武力占領了該群島，所以變成了正式的戰爭。

聯合國為了和平解決低強度紛爭，在各種地區進行**維持和平行動**。

以下舉出主要的低強度紛爭例子。

	低強度紛爭的例子	對立的勢力、陣營
獨立戰爭	印尼獨立戰爭（1945～1949）	印尼對荷蘭
	印度支那戰爭（1946～1954）	越南、寮國、柬埔寨對法國
	阿爾及利亞戰爭（1954～1962）	法國對FLN
	西藏騷亂（1959）	中國政府對西藏人
	北愛爾蘭紛爭（1969～1998）	英國、阿爾斯特防衛軍對IRA
	東帝汶紛爭（1975～1999）	東帝汶對印尼
內戰	古巴革命（1956～1959）	革命派對巴蒂斯塔政權
	寮國內戰（1953～1975）	寮國王國政府對巴特寮
	查德內戰（1965～1984）	查德政府對FROLINAT
	奈及利亞內戰（1967～1970）	奈及利亞政府對比亞法拉
	安哥拉內戰（1975～2002）	MPLA對UNITA
	柬越戰爭（1979～1991）	越南、韓桑林政權對波布派
	尼加拉瓜內戰（1981～1990）	放逐游擊隊對桑地諾政權
	斯里蘭卡內戰（1983～2009）	斯里蘭卡政府對LTTE
	敘利亞內戰（2011～）	政府軍對反政府軍、IS、庫德等
民族紛爭	盧安達內戰（1990～1994）	胡圖族對圖西族
	南斯拉夫內戰（1991～2000）	塞爾維亞對斯洛維尼亞、克羅埃西亞等
國境紛爭	克什米爾衝突（1947～）	印度對巴基斯坦
	中印邊境戰爭（1962）	中國對印度
	蘇丹與南蘇丹邊境衝突（2012）	蘇丹對南蘇丹

戰爭的規則

▼ INTERNATIONAL LAW ▼

- 安全保障
- 國際法
- 條約

國際法上戰爭變成違法行為

並非有**國際法**這一條法規。所謂國際法是各種國際條約和國際常規的總稱。因此，根據時代思想與內容會持續改變。過去戰爭被視為國家的一項權利，不過到了近代將戰爭視為罪惡，應該和平解決紛爭的觀點傳開。

在出現許多犧牲者的第一次世界大戰後，組成**國際聯盟**嘗試限制戰爭。並且雖然**非戰公約**有實效性的問題，但是禁止了侵略戰爭。即使如此很遺憾仍然爆發第二次世界大戰，不只軍隊，工廠、都市和市民都變成攻擊目標，軍人和平民加起來失去了幾千萬人的性命。根據這點，第二次世界大戰後設立的**聯合國**將自衛戰以外的戰爭視為違法。此外，引起第二次世界大戰的德國和日本的許多指導者，因為破壞和平的罪名受到審判，遭到處刑。雖然關於審判的合法性有諸多議論，不過藉此戰爭在國際法上違法一事變得明確。

即使戰爭與行使武力被禁止，仍有可能出現不遵從的國家。國家對於他國的侵略，擁有用武力擊退的權利（**個別自衛權**）。此外，如果有國家擾亂和平，也有共同應變的權利（**集體自衛權**），如北約組織等，加盟國的一國遭受侵略時，所有加盟國都要因應。這種機制稱為**集體安全保障**。

日本憲法有時解釋成不承認集體自衛權（2014年的閣議決定稱限定擁有權利）。因此在**美日安保條約**中，雖然有條文寫到日本遭受侵略時美國將援助日本，不過反之並沒有條文寫到美國遭受侵略時日本將援助美國。

國際法相關的主要事件	解說
非戰公約（1928）	也稱為巴黎非戰公約或凱洛格－白里安公約。禁止侵略戰爭。
聯合國憲章（1945）	禁止戰爭及行使武力解決紛爭。
紐倫堡大審（1945～1946）	德國的指導者們破壞和平遭到定罪。
東京審判（1946～1948）	日本的指導者們破壞和平遭到定罪。
設置前南斯拉夫國際刑事法庭（1993）	為了審判在前南斯拉夫做出違反人道行為的負責人而設置。
設置國際刑事法庭（2003）	常設在海牙，以嚴重違反國際人道法為對象。如何處理侵略戰爭是今後的課題。

戰爭的規則（交戰規則）

在**海牙法規（海牙公約**）制定了戰鬥員的義務和對待俘虜等戰鬥中的規則（**交戰規則**）。之後，在**日內瓦公約**規定保護醫護兵和傷病者，也嚴格制定了戰後對平民的保護。對宗教設施、文化財、水壩、核電廠等的攻擊也被禁止。此外，在各種條約禁止大規模殺傷性武器，明確禁止毒性兵器、細菌兵器、化學武器。至於其他兵器，達姆彈等彈丸變形對人體造成不必要損傷的兵器、地雷或帶來無謂苦痛的兵器皆被禁止。

交戰規則相關的主要條約	解說
海牙法規（1907）	除了規定戰鬥員的資格等戰鬥中的規則，還禁止使用毒性兵器。
日內瓦公約（1929）	制定了戰爭中保護傷病者的相關規則。
日內瓦四公約（1949）	在國際紛爭以外的內戰或民族紛爭也擴大了適用範圍。由四個公約構成，更加嚴格規定保護俘虜和傷病者，除了也規定保護平民，在占領地有組織地抵抗的團體（反抗軍、游擊隊）也視為戰鬥員。
日內瓦公約附加議定書（1977）	以附加條件將游擊隊視為戰鬥員。

戰爭的費用

武器以外也花費龐大的費用

所謂**國防費**，通常是指平時的軍隊維持費用，在戰時則是戰費。也叫做**軍事費**，在日本則稱為**防衛關係費**。狹義的國防費是指陸海空軍人員、裝備的維持、採購等經費，不過除此之外下面舉出的各種經費也包含在國防費。

- **人事費、糧食費**：士兵的薪水和伙食費等。
- **維持費等**：管理、維持裝備的費用。
- **裝備品等採購費用**：購買裝備的費用。
- **設施修建費**：修建基地等的費用。
- **研究開發費**：開發裝備的費用。
- **基地對策經費**：解決基地周邊噪音問題等的費用。
- **軍人退休金**：退役軍人的年金等費用。
- **海外援助費**：不論軍事、民事，對海外的經濟援助有時具有軍事戰略上的意義。
- **緊急時的動員補助**：對航空公司和海運公司等，給予戰時協助的補助金等。

此外，不包含在國防費的一般預算中，也有軍事目的的**公共土木事業費**、**通信鐵路設施費**、**教育文化費**、**保健衛生費**等。再者，雖然並非兵器的開發費，但是也有人表示能轉用到軍事的工業技術，尤其投資電子技術和精密機器技術的國家**技術開發費**也包含在國防費。像前蘇聯和中國，列入國家預算的直接軍事費只是所有費用的一部分。

戰爭和國防費

戰爭會花費龐大的費用。第二次世界大戰時日本的軍事費，在戰爭末期的1944年達到國民所得的129.2%。這麼龐大的支出招致**通貨膨脹**，有可能使國家的經濟陷入混亂。

美國在2001年開始的阿富汗戰爭、2003年開始的伊拉克戰爭花費了龐大的國防費。如下圖2000年度原本是3000億美元的國防費，在2010年度突破了7000億美元。這達到美國GNP的4.7%。考量到日本的防衛關係費幾乎是以GNP的1%變化，這可說是很高的水準。

美國因為從伊拉克和阿富汗撤退，2013年以後國防費縮減，不過在戰爭消耗、老舊的兵器更新變成重要的課題。

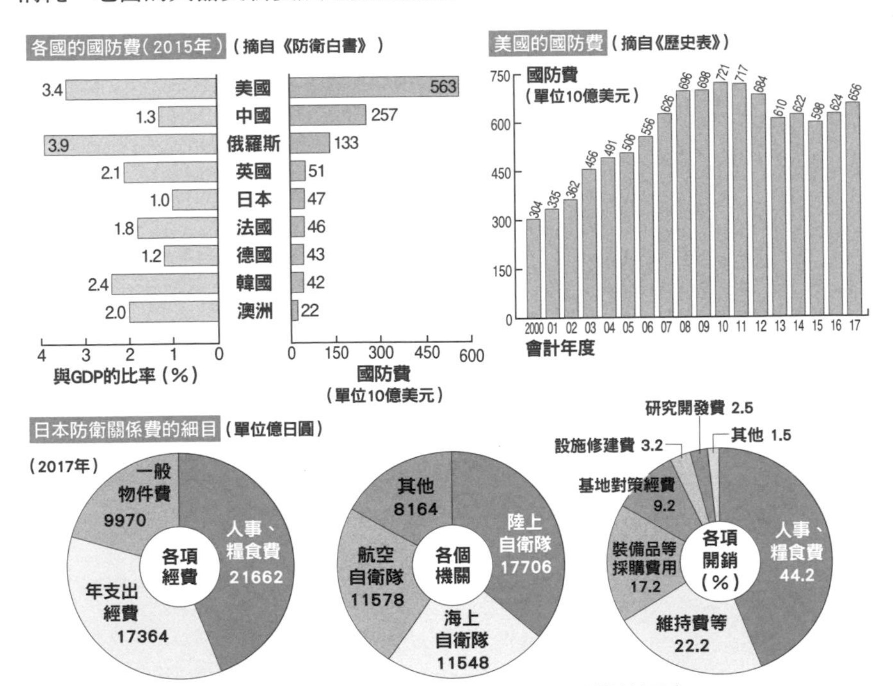

比起採購全新裝備的費用，人事、糧食費和維持費等遠遠更多。

軍事制裁

▼MILITARY PUNISHMENT▼

▶ 外交 ◀

▶ 聯合國 ◀

▶ 國際法 ◀

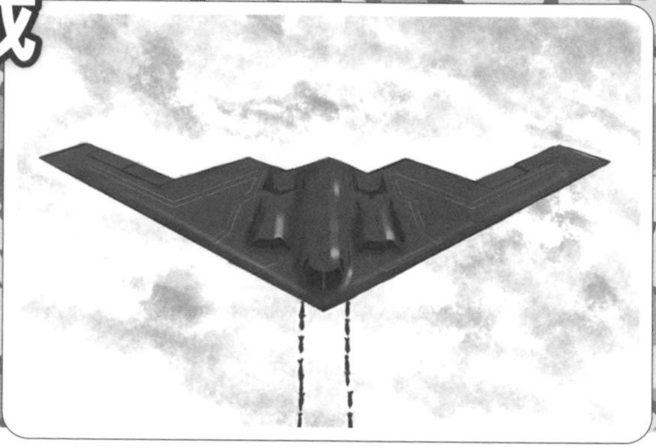

軍事制裁 — 為了和平行使武力

在現代的國際法**戰爭被視為違法**，不過聯合國為了維持和恢復國際和平，准許加盟國行使武力。這個判斷由美英法俄中這5國常任理事國和10國非常任理事國組成的**安全理事會**（安理會）做決定。但是聯合國將行使武力視為最後的手段，若非用盡其他和平解決方案時不准許行使武力。而且不會明言行使武力，一般是暗示「可能帶來嚴重的結果」進行警告。

在波斯灣戰爭（1991）、科索沃戰爭（1999）、利比亞內戰（2011）等幾場紛爭安理會准許藉由武力解決紛爭，多國籍軍和北約軍下定決心展開軍事行動。伊拉克戰爭（2003）時，安理會進行了激烈爭論，**軍事制裁**的困難與其正當性變成了重大的問題。

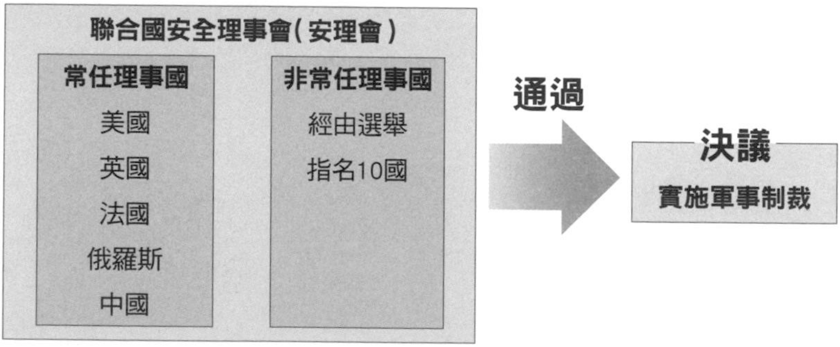

聯合國安全理事會(安理會)

常任理事國	非常任理事國
美國	經由選舉
英國	指名10國
法國	
俄羅斯	
中國	

通過 → **決議** 實施軍事制裁

雖然表決是由15國多數決定，不過只要有1國常任理事國反對，議案就會被否決。這稱為常任理事國的否決權，也是聯合國的軍事措施很難實現的理由。

實施軍事制裁前－伊拉克戰爭的情形

1991年4月11日，從科威特撤退的伊拉克軍與多國籍軍同意停戰，終結了波斯灣戰爭。安理會對伊拉克要求「禁止採購及開發核武器及核武器製造物資」、「超過150公里射程的彈頭飛彈全都廢棄」、「禁止毒氣及細菌兵器」等，由**聯合國大規模殺傷性武器廢棄特別委員會**（UNSCOM）及**國際原子能機構**（IAEA）監視實施。然而大規模殺傷性武器的查察和銷毀沒有進展，美國和英國共同實施空中轟炸等，持續採取強硬立場。

喬治・沃克・布希呼籲對伊拉克必須態度更加強硬，在他就任美國總統的8個月後的2001年9月11日，發生了「九一一襲擊事件」。布希總統宣告以蓋達組織和海珊政權為對象的「反恐戰爭」。10月7日，美國對蓋達組織作為根據地的阿富汗展開全面軍事行動，協助蓋達組織的塔利班政權垮台。然而捕捉賓拉登的行動失敗，「反恐戰爭」持續下去。

隔年2002年，布希政權研議打倒海珊政權，在安理會通過了全新決議。11月，安理會要求伊拉克全面接受更進一步的資訊公開與查察。並且若不遵從時「可能帶來嚴重的結果」，暗示軍事制裁的可能性。伊拉克接受這項決議，1998年以來退去的UNSCOM及IAEA重啟查察。UNSCOM和IAEA的查察，沒能發現伊拉克正在開發大規模殺傷性武器的證據。然而隔年2003年，美國公開衛星照片和竊聽記錄等資料，主張伊拉克欺瞞大眾（之後得知是個錯誤）。

★ 安理會不准許行使武力

安理會爭論不休。美國和英國主張軍事制裁，不過聯合國安理會多數皆不贊同，要求進一步持續查察。

美國放棄嘗試讓安理會准許行使武力，以伊拉克違反科威特戰爭停戰決議等理由，獨自判斷決定採取軍事行動。雖然反恐及伊拉克民主化或許是「大義」，不過在國際法上的合法性仍留下問題。

核戰

核武器

第二次世界大戰末期的1945年7月16日，在美國新墨西哥州的沙漠進行了世界第一次核武實驗，**原子彈**得以實際應用。然後隔月8月6日在廣島、8月9日在長崎投下原子彈，造成了巨大的災害。核武器的特色是爆炸衝擊波和熱產生的巨大破壞力，以及放射能、電磁波干擾等二次被害。當初，核武器在人們的認知中只是擁有強大威力的炸彈，不過因為破壞力過於巨大，以及放射線的二次被害受到認知後，所有國家對於使用核武器都有疑慮。

1949年繼美國之後蘇聯也原子彈實驗成功，美國失去核武獨占。1952年美國在更強大的**氫彈**實驗成功，蘇聯也在隔年1953年跟上。美蘇在轟炸機、ICBM（洲際彈道飛彈）和從潛水艦發射的**SLBM**（潛射彈道飛彈）搭載大量核彈頭，這些的總量達到能彼此毀滅對手好幾次的量。不久除了美蘇，英國、法國、中國也持有核武器，這5國在**核武禁擴條約**成為被承認的**核武器擁有國**。

核武器的種類與搬運手段

核武器有利用鈾和鈽的核分裂的原子彈，以及利用重氫與三重氫的核融合的氫彈。至於威力，原子彈換算成TNT炸藥相當於20～100千噸；氫彈則相當於100千噸～20百萬噸。原子彈有增加釋放的中子提高殺傷能力的**中子彈**，和加強威力的**強化原子彈**，氫彈也有加強威力的**3F炸彈**等。

核武器藉由根據使用法的搬運手段，分成以下三類。此外，在飛彈等搭載的核彈稱為**核彈頭**。

- **戰略核**：經由戰略導彈（洲際彈道飛彈、潛射彈道飛彈）、長距離轟炸機、巡弋飛彈等長距離搬運。用來攻擊敵國本土等。現在搭載核彈頭的巡弋飛彈並未配備。
- **戰域核（中程核戰力）**：經由戰域飛彈（中距離彈道飛彈、大浦洞等）搬運，用來攻擊自國與基地周邊地區等。
- **戰術核**：用戰術導彈（飛毛腿飛彈等）搬運的核彈頭，或是經由轟炸機、攻擊機等搬運的核彈。其他尚有核砲彈、核地雷、核魚雷、核水雷等各種型態。雖然現代戰術核並未配備在前線部隊，不過仍然保管在本國的武器庫。

另外，還有利用在高高度核爆炸產生的強大電磁脈衝，對廣範圍的電子機器和通信網造成損害的**EMP兵器**。最糟的情況，會使形成社會基礎建設的網路全部失去功能，可以想見國家整體迎來重大危機的事態，防備這種風險可謂重大課題。

核裁軍與核擴散

冷戰終結後，美國和俄羅斯逐步削減核戰力，全面核戰的威脅比以前減少了。以前連前線部隊和小型船艦都有配備的核武器，現在只配備在戰略部隊。然而，持有核武的國家逐漸增加。以色列、印度、巴基斯坦、北韓在核爆炸實驗成功，被懷疑持有核武器。此外，擁有持有核武器潛在能力的國家有伊朗、巴西、阿根廷、日本、韓國、德國、義大利、加拿大等。尤其各國注視著伊朗的動向。另外，也有疑慮前蘇聯加盟共和國留下的核武器是否已轉到恐怖分子手中。核武器在安全保障上仍是無法忽視的存在。

生化武器

生物武器是指使用病原體或感染病原體的昆蟲或動物對敵人造成損害的兵器。**化學武器**則是把有害的化學物質（主要是氣體或容易氣化的液體）當成兵器。化學武器之一**毒氣**，在第一次世界大戰以對呼吸器官造成傷害的氯氣或芥子氣為主大量使用，出現許多犧牲者。此外，第一次世界大戰後開發的沙林等**神經毒氣**是從殺蟲劑的研究中誕生的磷系化合物，擁有極高的殺傷能力。治安活動等使用的**催淚瓦斯**也可說是化學武器的一種。生化武器和其他兵器不同，不會對設施等造成損害，只會對人造成傷害。使用時的特色是，容易受到風向、風速與溫度等氣象條件、地形、構造物、植被等影響。另外，不分軍人與平民皆當成攻擊對象，而且除了剝奪戰鬥能力還造成不必要的苦痛，所以是非人道的兵器。

生化武器和核武器皆被稱為**NBC武器**或**大規模殺傷性武器（WMD）**。生化武器和需要龐大預算與人員的核武器開發不同，能夠便宜、祕密地在研究室

分類	化學劑	作用速度	效果
神經毒劑	塔崩、沙林、梭曼VX等	非常快	呼吸中止
糜爛性毒劑	芥子氣、路易氏氣等	快～數小時	水泡糜爛
血液毒劑	氰酸	非常快	阻礙呼吸作用
窒息劑	光氣	快	肺損傷

開發，或是在現有的工廠大量生產，因此也被稱為「**窮人的核武**」等。正如奧姆真理教引起的沙林毒氣事件，非常有可能被邪教團體或恐怖分子拿去使用。

防禦生化武器

第一次世界大戰以後，許多軍隊的裝備開始包含**防護面罩（防毒面具）**和**化學防護衣**，戰車與裝甲車被要求氣密性，開始裝備空氣濾清器等。各國有專門的防禦部隊，自衛隊在各師團及旅團配屬了**化學防護隊**。化學防護隊配備了化學防禦車、除染車、生物或NBC偵察車等專用車輛。如果敵人有可能使用生化武器，就到該地區出動，採集空氣、土中、水中的樣本，弄清敵人使用的兵器。並且對一般部隊發出從污染地區退避、迂迴的命令，自己進行**除染活動**。此外，為遭受污染的車輛與人員設置除染所。有些國家會儲備防護面罩作為民間防衛的一環。

在國際條約禁止

雖然化學武器從古代便有以毒氣的形式用於戰爭的記錄，不過因為傷及無辜和非人道，所以從19世紀末到20世紀初期在國際法被禁止使用。然而仍被持續生產持有，無法防止在第一次世界大戰使用。生物武器由於生產、保管、運用非常困難，因此雖然有把病死的動物投入井裡，或是在攻城戰時使用的記錄，不過不曾在戰爭中大規模使用。但是科學發展讓使用變得容易，藉由應用遺傳工學也能創造出自然界中沒有的，帶有毒性的病原體。

雖然在現在的國際法禁止生產、持有、使用生化武器，不過在內戰等現在仍被使用，遭受國際的非難。海珊政權下的伊拉克使用化學武器虐殺庫德人，拒絕查察化學武器生產設施正是伊拉克戰爭的開端之一，在現在仍持續的敘利亞內戰（2011～）由於對反政府軍使用了化學武器，被視為參與化學戰的敘利亞政府軍部隊受到多國部隊攻擊（軍事制裁）。

情報戰

▼INFORMATION WARFARE▼

▶ 戰略 ◀

▶ 情報機關 ◀

▶ 通信監聽 ◀

情報活動（諜報活動）

大約公元前500年寫成的兵法書《孫子兵法》有一句「知己知彼，百戰不殆」，了解敵人可說是戰爭的大原則。和世上的印象不同，情報大多是收集取得分析報章雜誌書籍等出版物、電視播放、網路上的內容等公開（公開發行）情報。這些情報收集手段稱為**OSINT**（公開來源情報）。除此之外，利用情報提供者和間諜的手段叫做**HUMINT**（人工情報），通信監聽等手段稱為**SIGINT**（信號情報）。情報機關是進行情報活動的組織，主要使用3種手段展開活動。

另一方面，對抗敵方的情報收集活動，防止本國祕密洩漏的活動稱為**反情報活動（防諜活動）**。近年有時也負責網路犯罪。因為反情報活動必須行使搜查或逮捕等警察權，所以也通常是由警察或同等組織（反情報機關）負責。

此外，故意流出情報（大多數情況是假情報）、利用間諜等讓自國有利，試圖影響他國的行動稱為**積極工作活動**。

情報活動的例子	收集分析政治經濟、軍事力、科學技術等基礎資料，或要人的人物像（思想、私生活、人際關係、弱點等）。
反情報活動的例子	網路或資料的管理保全。監視危險分子或接近祕密的人。監視接觸他國間諜或自國危險人物的外國人。
積極工作活動的例子	對對象國內的反政府團體進行資金援助或活動指導。各種違法活動。

情報機關、反情報機關

以下表為例舉出的情報機關和反情報機關有各種型態，像是獨立的政府機關，或是隸屬軍隊。此外也有治安機關，或是擁有戰鬥部隊（準軍事組織）。雖然情報機關會公然或非公然地收集情報，不過在國家組織之中是保密度最高的部門，因此非公開活動不會超出想像範圍。監視情報機關的非公開活動是否適當進行是很困難的問題，有時議會等單位會設立特別委員會加以監視。雖然美國的國家安全局（NSA）是國防部旗下的情報機關，但是以世界規模運用**梯隊系統**，不只軍事，監聽所有通信，不過它的實際情況充滿謎團。

國名	機關名	主要任務
美國	中央情報局（CIA）	情報機關（對外國）
	聯邦調查局（FBI）	反情報機關
	國家安全局（NSA）	SIGINT專門的對外情報機關
	國防情報局（DIA）	軍事情報機關
英國	祕密情報局（SIS；也稱作M16）	情報機關（對外國）
	保安局（SS；也稱作M15）	反情報機關
以色列	情報特務局	情報機關（對外國）
韓國	國家情報院（NIS）	綜合情報機關
北韓	人民軍偵察總局	情報機關（對外國）
中國	國家安全部	情報機關（對外國）
德國	聯邦情報局（BND）	情報機關（對外國）
日本	內閣情報調查室	情報機關（對外國）
	公安調查廳、警視廳公安部	反情報機關
	情報本部（自衛隊）	軍事情報機關
巴基斯坦	三軍統合情報局（ISI）	綜合情報機關
法國	對外安全總局（DGSE）	情報機關（對外國）
	國內情報中央局（DCSI）	反情報機關
俄羅斯	對外情報局（SVR）	情報機關（對外國）
	聯邦安全局（FSB）	反情報機關
前蘇聯	國家安全委員會（KGB）	綜合情報機關

冷戰

美蘇對立與軍事封鎖

美國和蘇聯在第二次世界大戰合作對抗日本、德國、義大利等國，由於**自由主義**和**共產主義**這種思想體系上的差異，以及戰時、戰後蘇聯迅速地擴張勢力，漸漸地對立加深。這樣的對立可能引起全新的世界大戰，局勢變得緊張，不只軍事，在經濟、思想、運動等領域也產生對立。對立幾乎對全世界帶來影響，成為了戰後的國際政治、軍事的基本對立軸。這種狀態與砲彈或飛彈交相射擊的「熱戰」成對比，被稱為「**冷戰**」。

美國推動對蘇聯和共產主義的封鎖政策，在每個地區打造了稱為**軍事封鎖**的集體安全保障的框架。藉由美洲國家間互助條約、**北大西洋公約**（**NATO**）、美日安保條約、東南亞條約等，試圖阻止蘇聯與共產主義國家的增加。蘇聯也與東歐各國組成**華沙條約組織**對抗。美國設下的軍事封鎖，不只是對抗蘇聯，同時也是為了普及以美國為中心的全球資本主義，以及構築類似殖民主義的資本支配。

美蘇在冷戰下為了拉攏新興國家和發展中國家到己方陣營，和軍事獨裁政權等非民主政府也聯手，有償、無償地進行軍事援助。這成了世界各地的民族紛爭、國境紛爭、內戰的原因之一，迫使人們做出許多犧牲。即使冷戰終結，過去大量供給的武器仍被用於紛爭中。

變成「熱戰」的代理戰爭

雖然沒有發生美蘇的直接戰爭，但是接受美蘇支援的國家之間的戰爭卻在世界各地發生。此外蘇聯企圖經由海路將飛彈帶進美國近在咫尺的古巴時，美國對古巴進行了海上封鎖。美蘇的軍隊進入臨戰態勢，全世界陷入核戰的恐懼中。被稱為**古巴飛彈危機**的這起事件，蘇聯中止部署飛彈，美國也撤去部署在土耳其的飛彈，約定今後不介入古巴解決事端。

冷戰下主要的戰爭、紛爭	解說
柏林封鎖（1948～1949）	關於分割占領德國，美蘇的方針對立，蘇聯將周圍圍成蘇聯占領地區，停止把物質移動到西柏林，不再供給煤氣和自來水。美國將所需物資空運給200萬名西柏林市民度過危機。
韓戰（1950～1953）	接受蘇聯與中國支援的北韓，和接受以美軍為主的聯合國軍支援的韓國開戰。據說聯合國軍司令官麥克阿瑟曾要求使用原子彈。
越南戰爭（1954～1975）	接受蘇聯與中國支援的北越及越南南方民族解放陣線，與接受美國支援的南越對立陷入內戰狀態。雖然美國一度將多達50萬名士兵送至越南，卻未獲得勝利於1973年撤退。1975年南越潰敗終結戰爭。

※其他還有中東戰爭等，美國與蘇聯援助敵對陣營的戰爭並不少。

1980年代末期，蘇聯從阿富汗撤退，東歐開始出現脫離蘇聯影響的國家，冷戰狀態開始解除。1990年10月德國以東德被西德合併的形式統一後，事實上在歐洲的冷戰終結，1991年末直到蘇聯解體才迎向結局。

不過，自俄羅斯在2014年單方面地宣布領有克里米亞半島以後，北約各國防範俄羅斯的領土野心，能看到擴大軍備或恢復徵兵制的動作。此外，中國持續擴大軍備，在南海主張九段線，企圖擴大支配海域等，與周邊國家和美國產生摩擦。這些動作不能忽視，有可能引發全新的冷戰。

COLUMN 北約音標字母

「這裡是查理，現在到達 α 地點。」這段通信表示「C小隊到達了A地點。」無論無線或有線很常聽錯字母，為了避免這種情形會使用「北約音標字母」（語音編碼），將字母替換成特定單字。現在廣泛使用的是由北約軍制定，在多數語言中都不易弄錯。第二次世界大戰當時的聯軍也使用同樣的編碼。以下揭示兩者的一覽表。

	北約式	聯軍式
A	Alfa	Able
B	Bravo	Baker
C	Charlie	Charlie
D	Delta	Dog
E	Echo	Easy
F	Foxtrot	Fox
G	Golf	George
H	Hotel	How
I	India	Item
J	Juliett	Jig
K	Kilo	King
L	Lima	Love
M	Mike	Mike
N	November	Nan
O	Oscar	Oboe
P	Papa	Peter
Q	Quebec	Queen
R	Romeo	Roger
S	Sierra	Sugar
T	Tango	Tare
U	Uniform	Uncle
V	Victor	Victor
W	Whiskey	William
X	X-ray	X-ray
Y	Yankee	Yoke
Z	Zulu	Zebra

MILITARY
ENCYCLOPEDIA

第3章

陸戰

陸軍
兵種
部隊編成
戰車部隊
戰車戰
步兵部隊
城市戰
步兵對戰車
次世代步兵
砲兵部隊
偵察部隊
空降部隊
支援部隊
輕兵器
步槍
手榴彈
火砲
砲彈
戰車
戰車的構造
次世代戰車
裝甲車
步兵戰鬥車
迷彩
地雷

陸軍

▼ ARMY ▼

▶ 組織 ◀

▶ 歷史 ◀

▶ 軍制 ◀

陸軍的任務為何？

陸軍在各軍種之中歷史最悠久，人員數最多，負責的任務也很廣泛。陸軍包含海上運輸與擔任支援護衛的船舶部隊，直接支援地面戰鬥或進行空中偵察與指揮聯絡的航空部隊等。此外說到陸上戰力，在地上活動的陸戰隊等也包含在內。

陸軍的首要任務是支配陸地，支配在此活動的人們。因為陸軍是能占領地區、地點，或是確保、防衛的唯一軍種。陸軍進行攻擊、防禦、追擊等作戰行動，有時也進行游擊戰等非正規戰。平時除了一般的教育訓練，也進行治安行動、災害救助、人道支援或民生協助等。

陸軍的戰力規模通常以兵力數來表示，構成陸軍的中心要素是人。因此陸軍的行動靈活，具有不容易被消滅的韌性，就算在困難地形或惡劣天氣也能行動。此外，還能與地區密切行動，占領統治、民事作戰、從居民收集情報、保護居民或避難指導等也成為陸軍的任務逐漸受到重視。

然而，今後陸軍最受到要求的，應該是反游擊戰、反恐等非正規的戰鬥吧！隨著技術進化，陸軍的火力、精密度、情報通信力皆顯著提升，過去無法想像的，小部隊也變得能夠執行作戰。不過游擊隊和恐怖分子也擁有可攜式火箭砲或飛彈，並且甚至持有大規模殺傷性武器，在也能預測到這點的現代，陸軍是唯一能應變的軍種因而受到高度期待。

陸軍的編制與裝備

陸軍的基本部隊單位是**師團**或**旅團**。這些是由各種兵種的部隊所組成，依照作戰功能分成**步兵**、**裝甲**（戰車）、**空降**、**特種**等。陸上自衛隊編組了9個師團及6個旅團。

作戰行動時，為了率領數個師團／旅團，會設置**軍團司令部**或**軍司令部**等上位的司令部。雖然以前有規模更大的軍團或方面軍等司令部，不過在現代軍隊整體規模變小，因此消失了。司令部擁有強大的通信、情報、補給部門，支援在前線作戰的師團／旅團，進行單位之間的調整。

陸軍的裝備從士兵個人運用的個人用裝備，到大型車輛或飛機種類繁多，兵種、職種也對應裝備細分。

基本的個人裝備從自古就有的**步槍**、**機關槍**、**手榴彈**等武器，到**個人用反戰車飛彈**、**對空飛彈**等都有，近年偵察用或搬運用的機器人也持續開發。

大型裝備有戰車、裝甲車、步兵戰鬥車等**裝甲車輛**，卡車和吉普車等**運輸車輛**、**各種火砲**等。此外，也配備了戰鬥、運輸、偵察用等各種直升機。不僅如此還有地區壓制用**火箭彈**、愛國者飛彈等高性能的**對空飛彈**、或人造衛星、監視雷達等，接受這些廣範圍、高精密度的**監視**、**情報收集裝備**的支援。

這些裝備在友好國家之間大多通用，尤其為了讓彈藥順利補充，在友好國家一般幾乎是統一的。

戰車等裝甲戰力、航空器的性能提升、電子機器、各種飛彈的出現等，科學技術發達帶來兵器的進步，大幅改變了作戰的面貌。強大的火力、迅速的機動力加快作戰的過程，部隊經常處於戰備狀態變得更加重要。陸軍被要求與海軍和空軍等其他軍種統合作戰，與外國軍隊聯合作戰的機會也增加。為了有效地執行作戰，以情報技術為基礎的**C4I系統**（指揮、控制、通信、計算機及情報）變成不可或缺的要素，各個車輛、各個士兵皆網路化的軍隊正在構思中。

兵種

▼ BRANCH OF SERVICE ▼

依照兵員的功能分類

陸軍的兵員依照功能和專長區分就叫做**兵種**（在自衛隊稱為職種）。兵種有參與直接戰鬥的步兵、裝甲、砲兵、防空砲兵、工兵、航空等**戰鬥兵種**，以及參與戰鬥支援，或後方支援的通信、軍械（整備）等**支援兵種**。

隨著時代進步專業技術的必要性提高，兵種的數目逐漸增加。以前負責所有後勤支援的兵種稱為輜重兵，不過隨著補給的重要性提高，功能細分產生了需品、軍械、運輸等兵種。另外，由於裝備增加，軍械、工兵、通信等擁有專業技術的兵種開始負責整備與運用。

隨著軍隊巨大化、複雜化，憲兵、會計、法務等管理軍隊的兵種也誕生了。

依照國家與時代還有騎兵、鐵道兵、山岳兵等兵種，特殊一點的還有隨軍祭司（隨軍僧）、調理兵等。過去也有統合婦女兵的婦女兵種（WAC）。

陸軍部隊有以單一兵種組成的部隊，還有以複數兵種組成的部隊。通常不到大隊規模的部隊，是以戰車、步兵等單一兵種組成，如果超過這個規模，一般是聚集複數兵種的部隊組成。

海軍和空軍一般不會僅由擁有一門專業技術的兵員組成部隊，因此以「職務範圍」或「專長職」等分類表示該兵員擁有的專業技能。

陸軍的主要兵種

	兵種	職種（自衛隊）	解說
戰鬥兵種	步兵科	普通科	負責使用輕兵器的戰鬥。空降、特種部隊等也是。
	裝甲科	裝甲科	負責運用戰車和裝甲車。細分成戰車部隊和偵察部隊。
	砲兵科	特科（野戰）	負責運用火砲。
	防空砲兵科	特科（高射）	負責部隊或設施等的防空。
	航空科	航空科	負責運用航空器。
	工兵科	設施科	負責構築陣地或鋪設障礙物等。
支援兵種	通信科	通信科	負責部隊間的通信。
	軍械科	軍械科	負責整備車輛和火器。
	需品科	需品科	負責補給燃料、食物等。
	運輸科	運輸科	負責經由車輛運輸人員、裝備。
	化學科	化學科	負責化學戰。
	憲兵科	警務科	負責部隊內的秩序及安全。
	會計科	會計科	負責金錢的出納與支給。
	衛生科	衛生科	負責治療傷病者。
	軍樂科	音樂科	負責演奏音樂。
	情報科	情報科	負責諜報、防諜。

大部隊與兵種

連隊、或者大隊以下規模的部隊，是由單一兵種的兵員所構成，稱為「步兵連隊」、「裝甲連隊」、「偵察大隊」等。

若是旅團或師團以上規模的部隊，則是由各種兵種的兵員與部隊所構成。因此即使叫做「步兵師團」、「裝甲旅團」等，卻並非只有步兵科或裝甲科，還有以砲兵科或工兵科等各種兵種的兵員組成。

自衛隊的旅團編制的例子

各種兵種的部隊聚集組成旅團。

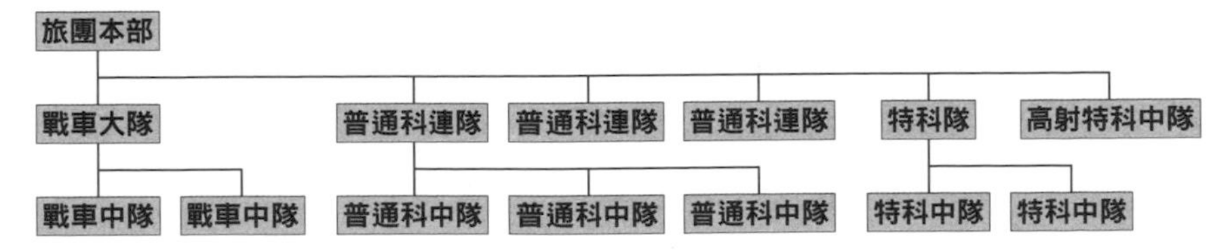

部隊編成

UNIT STRUCTURE

名稱依部隊規模而改變

陸軍部隊依規模大小依序以師團、旅團、大隊（連隊）、中隊、小隊、分隊等單位組成，這叫做**編制單位**。這也類似一般企業中的事業部、部、課、組的階層構造。聚集幾個分隊就變成小隊，聚集幾個小隊就變成中隊，就像這樣。

編制單位	戰鬥員數	解說
師團（Division）	1萬～1萬5000人	以3個旅團＋直升機大隊、MLRS（火箭砲）所構成。由少將指揮。
旅團（Brigade）	1,500～6,000人	以步兵大隊和戰車大隊加起來3個＋砲兵大隊1個＋偵察中隊1個組成。由上校或准將指揮。
連隊（Regiment）／大隊（Battalion）	400～500人	以3～4個中隊構成。由上校到少校指揮。
中隊（Company）	120人左右	以3～5個小隊構成。由上尉指揮。
小隊（Platoon）	30～40人	以3～4個分隊構成。由少尉或中尉指揮。
分隊（Squad）	10人左右	最小戰鬥單位。由士官（中士等）指揮。

編制的基本是**連隊／大隊**。連隊／大隊幾乎由單一兵種組成，在單位創設，接受訓練，說起來就像士兵的原籍。有些還擁有具有傳統的固有名稱。連隊和大隊的差別隨著國家與時代而有不同，連隊有時由多個大隊組成。現在美軍編制的基本單位是大隊，不過大隊名稱是「〇連隊〇大隊」。此外，

雖然現在連隊和大隊幾乎相同，但是關於名稱隨著國家而有不同。

大隊由3～5個中隊組成，各中隊單純地以號碼稱呼，如第1中隊、第2中隊等，或是以字母稱呼，如A中隊、B中隊等。另外為了避免聽錯，也會把A中隊慣稱為Alfa中隊、B中隊則慣稱為Bravo中隊等。

師團和**旅團**是聚集戰車、步兵、砲兵等各種兵種的大隊所組成。師團或旅團以企業來說就像事業部，可以獨立作戰，也稱為**作戰單位**。旅團簡單地說，就是小型師團。可以構成師團，或獨立行動。空降部隊、登陸部隊等由於規模小，以旅團單位編組的情形變多了。

師團或旅團內的大隊數目和兵種的比率各不相同，在裝甲師團戰車部隊的比率很高，在步兵師團步兵部隊的比率較高。步兵師團以前是步兵步行行動的師團，不過在現代一般經由兵員運輸車等移動，有時稱為「汽車化步兵師團」、「機械化步兵師團」。戰車師團擁有大約6個戰車大隊，持有戰車約250輛左右。在空降部隊編組的「空降師團」幾乎沒有車輛，是用運輸機運至目標進行降落傘空降，或是搭乘直升機行動。

戰鬥團

有時師團或旅團內的大隊會暫時分割成中隊，與不同兵種的中隊組合，臨時編成部隊。這稱為**戰鬥團**，或是**任務部隊**（TF：Task Force）。戰鬥團的編制形形色色，例如步兵中隊2個＋戰車中隊1個＋砲兵中隊1個。部隊指揮者是步兵大隊或戰車大隊的長官，因此看起來也像大隊長互借中隊。

以各種兵種編組部隊叫做**混合**或**聯合兵種**。實際上實現有效率的聯合兵種相當困難。這是因為讓戰車、步兵、砲兵以相同步調行動非常困難。戰車方面任何國家都使用預算採購高規格機型，不過步兵乘坐的步兵戰鬥車，或自己移動的砲兵的自走砲沒有預算，步兵和砲兵跟隨戰車十分困難。能實現理想的聯合兵種的，僅止於美國等極少部分的國家。

戰車部隊

何謂裝甲部隊？

戰車部隊的編制基本是戰車大隊。一般情況戰車是以戰車大隊為單位配備在各師團或旅團。戰車大隊由3個戰車中隊組成，戰車中隊由3個戰車小隊組成，戰車小隊由3～4輛戰車組成。一般的戰車大隊也包含本部的戰車，擁有50輛左右的戰車。當然這些數字依照國家與部隊各不相同。

自衛隊採用相當特殊的編制。雖然大多數師團或旅團都有戰車部隊，不過像戰車大隊的情況，編制是2～4個中隊，不盡相同。不僅如此，也有以5～6個戰車中隊組成戰車連隊的戰車部隊。此外，旅團中只有1個戰車中隊，也有旅團並未擁有戰車。當然也得看駐屯地的地域性，不過也有人指出編制如此不同，運用時會帶來障礙。駐屯在北海道的第7師團，是日本唯一的**裝甲師團**，擁有3個由5個戰車中隊構成的戰車連隊，持有將近300輛戰車。

所謂裝甲師團的「裝甲」，相當於英文「Armored」這一詞，意思是「以應用最新科學的兵器與機械功率裝備」。因此說到裝甲部隊，就是指裝備戰車、裝甲車、自走砲等，擁有火力與機動力的聯合兵種的機械化部隊。裝甲師團和裝甲旅團是它的編制單位。是火力、機動力、防禦力優異，現代陸上戰鬥的中堅力量。

裝甲師團在各國名稱相異，在俄羅斯是**戰車師團**、在德國稱為**裝甲師團**（Panzer Division）。德文的Panzer，這個詞語的意思是戰車或裝甲，被用在各種軍事用語中。

戰車無法單獨行動

戰車無法單獨行動。編組戰鬥團（任務部隊），一定要和步兵、砲兵或工兵等共同行動。步兵驅逐從戰車看不見的敵人，調查戰場的每個角落。砲兵發射大口徑的榴彈壓制敵人。工兵除去戰車前的障礙。雖然戰車能破壞敵方戰車等大型目標，卻不擅於擊破躲藏在地形或建築物中的敵人。

此外戰車無法自力長距離行駛。原本戰車是設計成使用履帶支撐沉重的車體，以比較低速行駛於崎嶇的道路外。戰車奔馳一定距離後就需要整備，必須更換履帶，或是全面檢查引擎。想必有不少人看過使用履帶的工程車輛被拖車載著移動吧？戰車也一樣，長距離移動時必須靠鐵路或大型拖車載運。

不僅如此，移動沉重的戰車需要大量燃料，不可缺少裝載燃料的油罐車支援。

COLUMN 裝甲部隊的歷史

戰車在第一次世界大戰由英軍首次投入實戰，目的是突破用塹壕和鐵絲網做成的陣地線。當時的戰車裝甲薄，而且跑得慢，不過由於對德軍士兵造成的心理效果，成功獲得一定的戰果。戰後，注意到戰車威力的各國，積極地開發戰車並研究用法。當時，戰車的用法有兩種觀點。一是讓戰車用來支援步兵及騎兵。另一點是編組以戰車為核心的聯合兵種部隊，並且機動地運用。採用後者用法的德國在第二次世界大戰初期大獲全勝，德軍快速的攻勢被稱為「電擊戰」。之後，各國致力於編組裝甲部隊，裝甲部隊成為陸上戰鬥的主角。

第二次世界大戰後，以色列有效地運用裝甲部隊。在數次的中東戰爭中，以色列裝甲部隊壓制了阿拉伯方面的裝甲部隊。之後最大的戰車戰是波斯灣戰爭（1991）時。伊拉克軍有3,500輛、聯軍有3,400輛，大量的戰車在科威特周邊散開，展開了激烈的戰車戰。

戰車戰

戰車的戰術

所謂**戰術**是指不限戰車，部隊與敵人作戰的技術。戰車的第一任務是擊破敵方戰車。基本是比敵人更早發現敵人，給予正確的第一擊。監視裝置、瞄準裝置的能力、主砲的威力，以及裝甲的能力等戰車本身的性能，還有搭乘者的熟練度等條件決定勝敗。

戰車的能力不如對手時，或者如果想要稍微占優勢，就必須埋伏奇襲對手，或者移動採取從對手的側面或背後攻擊等戰術。戰術的重點如下：

- **移動與陣式**：戰車部隊以3～4輛戰車組成的戰車小隊為最小單位行動。在戰場上移動時，並非所有戰車同時移動，而是一部分移動，這段期間，其他戰車利用地形隱藏車體，負責警戒和掩護。
- **攻擊**：雖然一般是戰車與步兵合力攻擊，不過有幾種方式。同時攻擊的同軸方式；從不同方向攻擊的異軸方式；戰車不前進，只進行射擊的射擊支援方式等。
- **伏擊**：利用地形隱藏車體，埋伏讓對手的射擊難以命中。還有挖洞隱藏車體，只露出砲塔射擊的方法。

戰車的威力基本上在於**機動力**。以及和擁有與戰車相同機動力的步兵戰鬥車、自走砲等合力組成聯合兵種部隊，利用機動力，奇襲、突襲敵人，或是包圍、迂迴，如果敵人後退就追擊，這就是基本用法。

此外，面對敵方部隊的攻擊，戰車最能迅速地反擊。攻擊時的部隊往往疏於防禦，因此要藉由戰車反擊。

空地作戰

在第二次世界大戰德國採用的聯合兵種部隊，並且機動地運用，而美軍的**空地作戰**（ALB）戰術將德軍的「電擊戰」更加升級。

在ALB與來自空中的攻擊（攻擊直升機、空軍的精密導彈）等合作的部分和以前相同，不過來自空中的攻擊的主要目標並非敵方前線，而是後方的戰鬥車輛、指揮所、通信所或補給所等作戰所需單位的不堪攻擊的部分。攻擊這些地方，就能癱瘓敵軍的作戰功能和指揮功能。

原本這是為了對抗投入大量戰車的前蘇聯軍的攻擊所發明的戰術。包含戰車數量較少的美軍在內的北約軍，儘管戰車品質占優勢，但仍採用ALB作為更確實的戰法。隨著前蘇聯解體ALB在歐洲並未獲得實證，不過美軍在波斯灣戰爭面對伊拉克軍使出了ALB。美軍的精密導彈、反雷達飛彈、巡弋飛彈等，不只摧毀戰鬥車輛，還接連破壞伊拉克軍的雷達站、司令部、通信所，使其喪失戰鬥能力。然而，由於大量消耗高價武器，而且需要高度的偵察、情報手段，ALB招致戰爭費用增加正是課題。

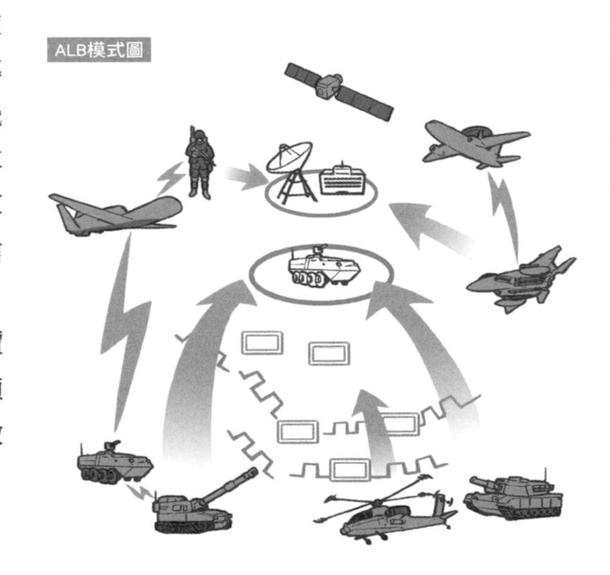

ALB根據監視衛星或監視機的情報，攻擊敵軍後方。不只戰車和攻擊直升機，也運用砲兵、攻擊機、特種部隊等。

步兵部隊

步兵＝能力平均的士兵？

步兵如同字義，是步行的士兵（但是英文的「infantry」沒有「步行」的意思），在自衛隊叫做普通科。藉由在近距離的戰鬥，或是在最近距離的近身戰鬥／近身格鬥（CQB／CQC）打敗敵人的兵種。

在各兵種之中擁有最悠久的歷史，古希臘的重裝步兵，或日本戰國時代的步卒，可視為步兵的祖先。各個士兵攜帶步槍、彈藥、手榴彈，徒步戰鬥的型態數百年來可說沒有改變。然而，以前占了士兵絕大部分的步兵的比率逐漸減少，在現代美國的師團，步兵大約是10%。

步兵部隊的最小單位是**步兵分隊**。步兵分隊由9～15名左右的士兵所構成，由中士、上士等階級的士官指揮。在步兵分隊，除了步槍或卡賓槍，還會分配到1把（有時是2把）機關槍，按照任務還會裝備小型輕量的反戰車飛彈或對空飛彈。

分隊連生活也是一起。如電視影集《勇士們》、電影《搶救雷恩大兵》、《美國狙擊手》（主角是海豹突擊隊的狙擊手）等以步兵分隊為題材的故事製作了不少，裡面深刻描寫了士兵的人性。雖然以戰爭為題材的故事免不了英雄主義，不過利用步兵分隊呈現人道主義、人的情感也很有效果。

步兵分隊的上面是步兵小隊、步兵中隊等，有各編制單位的部隊，成為作戰行動的基幹部隊。通常步兵部隊與其他兵種或航空支援等共同進行編組、訓練，以執行作戰。

步兵的任務

步兵能進入平原、丘陵、森林、市區等各種地方，也扮演**占領**敵人根據地，降伏敵人等重要的角色。除了攻擊、防禦，**掃蕩**、**巡邏**、**建設**等戰鬥以外的任務很多也是步兵的特色。

現代戰爭由於武器非常發達，戰鬥的發展變得快速，戰場擴大且立體化。步兵也必須擁有優異的火力、機動力、防護力，藉由可以連續發射的輕兵器、反戰車飛彈、對空飛彈強化火力，同時使用各種裝甲車輛或直升機等謀求增加機動力，也開發、配備步兵戰鬥車持續機械化等。

此外，在世界各地進行的非正規戰主要由步兵應變，將來步兵扮演的角色非常重要。

主要武器與裝備

步兵的標準裝備如下：

- **步槍**：步兵使用的基本武器。發射後自動裝填子彈的突擊步槍，大多是半自動和全自動切換式。
- **戰鬥服**：除了施加迷彩的戰鬥服，還有穿戴防彈背心、頭盔，保護要害免受槍彈或砲彈等碎片波及。腰帶和吊帶安裝許多可放預備彈匣等的小袋，腰部掛著水壺。鞋子基本上是靴子。
- **刺刀**：雖是長小刀，卻能安裝在步槍的前端，像長槍一樣使用。
- **手榴彈**：裡面填充了炸藥，重量可以讓人用手投擲的榴彈。
- **機關槍**：分隊配備一把。發射速度很快，能連續發射子彈的機關槍是攻擊、防禦的核心。
- **榴彈發射器**：發射小型榴彈的武器。許多國家使用能安裝在步槍上的類型。

城市戰

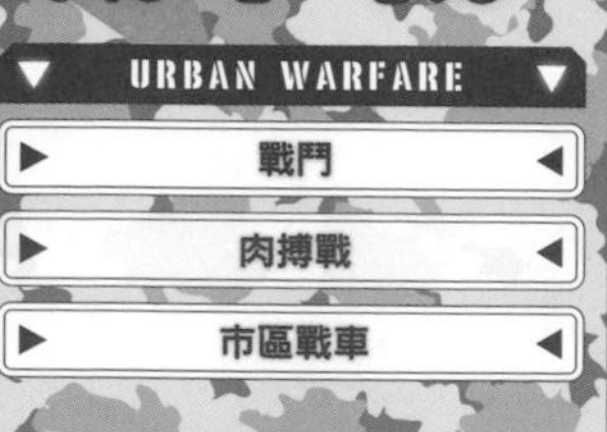

何謂城市戰？

所謂**城市戰**是指在城鎮或都市等市區進行的戰鬥。許多一般市民住在市區，由於建築物創造出複雜的地形，被要求特殊的作戰與戰術。有時武裝勢力、游擊隊、恐怖分子等混進一般市民之中，使城市戰變成消耗精神的激烈戰鬥。

過去對於市區，毫不留情地進行砲擊或轟炸，對市民也帶來重大的犧牲。尤其在第二次世界大戰的史達林格勒戰役和華沙戰役中，市區化為瓦礫。然而，這種戰術絕不能斷言有效。遭到破壞瓦礫散亂的市區，比遭到破壞前變成更複雜的地形，到處都能躲藏士兵和狙擊手。於是戰術的有效性受到質疑，第二次世界大戰後，儘管國際法嚴格規定保護市民，現在對市區的無差別砲轟仍然層出不窮。

在城市戰使用的戰術與裝備

市區的戰場從高層建築物到地下街或地下水路，特色是三次元構造。視野和射界，以及行動自由受到限制，有時還會被設置餌雷（陷阱）或簡易爆炸裝置（IED）之類的裝置。此外，也不能低估巧妙躲藏的狙擊手的威脅。在城市戰團隊行動非常重要。各小隊一面合作一面前進，將街道置於機關槍的射線下，阻止敵軍移動或增援。如此一來各街區孤立，便容易掃蕩。

如城市戰在最近距離的戰鬥叫做**近身戰**或**肉搏戰**等，最近更進一步依照作戰距離區分，遠離戰鬥稱為**近身戰鬥**（**CQB**：Close-Quarters Battle），接觸戰鬥則是**近身格鬥**（**CQC**：Close-Quarters Combat）。

在城市戰，事前的周密計畫和奇襲非常重要。使用的特色武器除了有比步槍槍身更短，在狹窄場所容易迴轉的卡賓槍或衝鋒槍，還有壓制效果高的霰彈槍等。此外，也會使用碎片手榴彈或閃光彈。

除了武器以外，也需要防彈背心和夜視裝置等個人裝備，也會投入對人雷達或偵察機器人等高科技裝備。此外也進行透牆雷達等研究。

城市戰與戰鬥車輛

以前，一般認為不應將戰鬥車輛投入市區。這是因為在城市戰很難察覺持有反戰車火箭彈或反戰車飛彈的敵兵接近，所以高價的戰鬥車輛往往被輕易地擊破。

不過，以色列軍在占領地的市街投入戰車部隊，在伊拉克戰爭的美軍也積極地在城市戰投入戰車。

投入市區的戰鬥車輛，對反戰車火箭彈和反戰車飛彈採取措施。安裝追加裝甲、網狀或格子狀的障幕，讓反戰車兵器在遠離車體的地方爆炸。俄羅斯製戰車安裝了**爆炸式反應裝甲**（ERA），這是自己引起小型爆炸減少反戰車兵器威力的裝甲。此外，擊落飛來的反戰車兵器的裝置也正在進行開發。

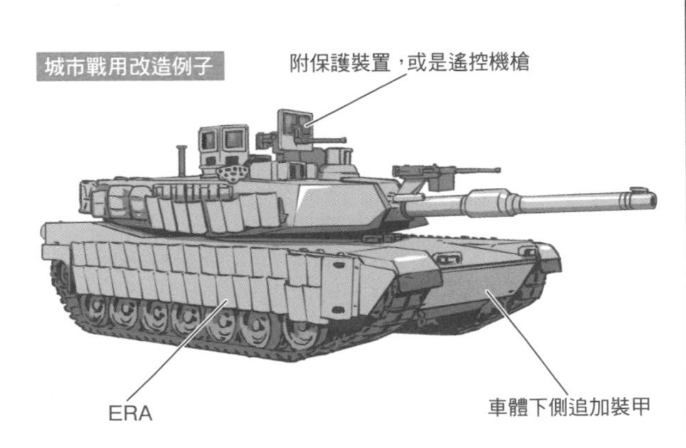

步兵對戰車

INFANTRY VS. TANK

- 反戰車高爆彈
- 反戰車火箭彈
- 反戰車飛彈

決死的肉搏攻擊

基本上面對戰車是以戰車對抗。如果沒有戰車，就請航空器或砲兵支援，以前還有用反戰車砲對抗的手段。沒有這些手段的步兵要對抗戰車時，以前是逼近戰車把燃燒瓶扔到戰車的引擎室上面，或是把炸藥塞進履帶，或砲塔與車體的空隙中破壞，抱著必死的覺悟對抗戰車。

然而到了第二次世界大戰後半，開發出**反戰車高爆彈**這種儘管輕量卻能貫穿戰車厚重裝甲的彈藥。德國的**反戰車榴彈發射器**、美國的**火箭筒**等是利用反戰車高爆彈的**反戰車兵器**，是將反戰車高爆彈以火箭推進發射的兵器。尤其火箭筒，在許多戰爭電影等作品中登場，因此想必不少人都有看過，這是從構造單純的筒狀發射器發射火箭彈。

儘管這些武器是步兵能攜帶的重量，卻能給予步兵對抗戰車的力量。然而，因為是簡單的武器，所以精密度也不太高，有效射程也頂多只有幾十公尺。使用者只能躲在隱蔽處接近戰車，或是等待戰車接近，當然戰車周圍有敵軍的步兵，因此攻擊戰車還是很危險。

這種形式的**反戰車火箭彈**在現在也是現役。前蘇聯開發的**RPG-7**的彈頭直徑是85mm，能貫穿300mm的裝甲板，有效射程號稱500公尺。RPG-7存在於全世界的紛爭地區，在描寫美軍介入索馬利亞的電影《黑鷹計劃》中，不只美軍的戰鬥車輛，連直升機都能擊墜。RPG-7有各種衍生型，最新型前後2顆彈頭排成串聯式，不只擁有貫穿600mm的裝甲板的能力，還能讓戰車的追加裝甲失效。

進化的反戰車飛彈

相對於反戰車火箭彈只會直線前進，能控制前進方向的反戰車飛彈，使命中率大幅提升，令戰場的面貌為之一變。在第四次中東戰爭（1973）裝備反戰車飛彈的埃及軍步兵，對號稱無敵的以色列軍戰車部隊造成重創。之後反戰車飛彈如下慢慢地實現進化。

- **第一代**：第四次中東戰爭當時，射手必須透過瞄準線從發射到命中控制飛彈。如SS.11（法國）、火泥箱（前蘇聯）等。
- **第二代**：雖然透過瞄準線引導飛彈，不過射手只要瞄準戰車，飛彈就會自動追蹤。如TOW（美國）等。
- **第三代**：不用瞄準線，射手對戰車持續照射雷射後，飛彈會朝向雷射的反射方向飛行。如地獄火飛彈（美國）等。
- **第四代**：開發出射手瞄準戰車發射飛彈後，飛彈就會自動追蹤戰車命中的「射後不理（Fire-and-forget）」的方式。如標槍飛彈（美國）、01式輕型反戰車飛彈（日本）等。

此外，最近的反戰車飛彈，還可以鎖定裝甲薄的戰車上面，對戰車來說變成了越來越麻煩的對手。

次世代步兵

陸地勇士

步兵比起戰車或航空器等，算是變化比較少的兵種。不過，隨著先進技術和情報技術的發展，次世代步兵有可能大幅改變樣貌。

美國陸軍的**陸地勇士**、美國陸戰隊的**全方位戰鬥裝備**、自衛隊的**先進武具系統**等計畫研究目前正在進行，假如這些得以實現，各個士兵就能共享各種戰術情報，部隊整體的效率可望大幅度地提升。這些計畫不只情報通信系統，武器和裝備煥然一新。至於能實現到何種程度，由於最近各國財政困難資訊不透明，不過在此列舉近未來步兵和傳統步兵的差異。

- **賦予通信情報功能**：所有士兵的頭盔都裝備內藏的通信終端裝置和情報顯示器。通信終端裝置變成數位化的網路的一部分，可以共享不在視野內的我方士兵確認的敵人情報。不只戰鬥車輛和司令部等陸軍部隊，和空軍與海軍也能共享網路。左臂裝備觸控板式的終端裝置，用來操作自己的裝備和機器人兵器。
- **先進型步槍**：採用輕量化的材質。彈藥變成能調整威力，也能用於鎮壓暴徒等用途。和榴彈發射器一體化，加入雷射測距功能、錄影功能、夜視功能、目標追蹤功能。錄影機捕捉到的影像顯示在頭盔的顯示器，可以只從遮蔽物露出步槍射擊。影像還能轉寄給其他士兵。

- **軍用強化外骨骼**：也稱為動力外骨骼，輔助攜帶重裝備行動時的士兵出力，並且減輕疲勞。不會影響士兵關節的動作，還可以跳躍、匍匐前進。
- **防彈背心**：先進型的防彈背心不損及機動力，覆蓋身體的面積也增加。也附加動力輔助功能。此外，紅外線發散可配合周圍的環境，還能蒙蔽敵人的紅外線感應器。

機器人和無人車輛

人型機器人身為士兵登場似乎還要花上一段時間，不過支援步兵分隊的輪式或履帶式的機器人即將實現。經由履帶行走的小型機器人已經運用在各種地方，即使核電廠事故也能進入放射線量高的場所收集情報。

軍用機器人則是在城市戰，讓它偵察室內或狹窄的小巷，或是安裝能遙控的槍械攻擊敵人，被運用在這些用途。

此外，協助搬運重裝備的分隊支援無人車輛也正在開發中。這可說是在不平坦的土地也能發揮機動性的超小型無人卡車。它具備高度獨立性，自己能分析步兵的行動，辨識地形，士兵不用下達任何命令也會跟隨。士兵讓無人車輛搬運彈藥、反戰車飛彈或迫擊砲等裝備，便可以專心戰鬥。

小型機器人的例子

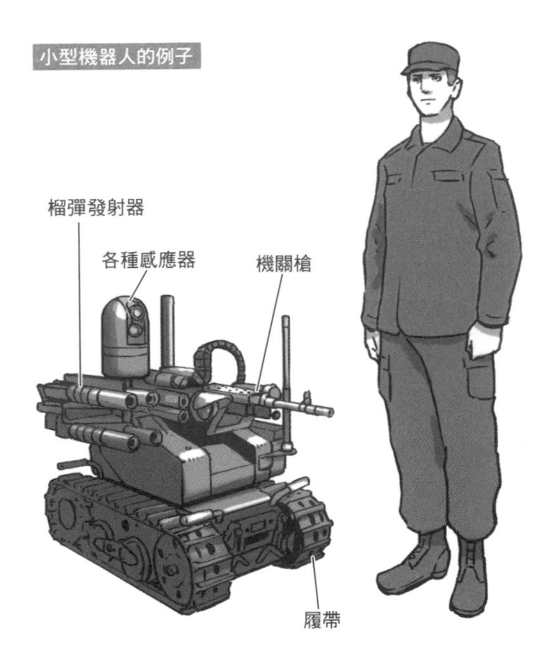

砲兵部隊

野戰砲兵——戰場的殺手

移動至前線或其附近，砲擊敵人的砲兵就稱為**野戰砲兵**。砲兵另外還有高射砲兵等，不過在本節是對野戰砲兵加以敘述。

砲兵的歷史比輕兵器更悠久，約在12世紀登場，在三十年戰爭（1618～1648）時變成重要的兵種。砲兵這種兵種從敵方兵員或戰鬥車輛等前線部隊，到砲兵或司令部等後方部隊都能攻擊。從遠離敵人，無法確認的地點發射突然爆炸的砲彈，砲兵被稱為戰場之神，也被稱為戰場的殺手。實際上在許多戰爭中，死傷者大多是砲擊造成的。

戰車同樣是藉由砲火作戰，相對於戰車是直接確認目標進行砲擊，砲兵的不同之處是砲擊並未視認的遠方目標。另外，戰車砲的設計目的是對目標「開洞」，而砲兵的設計目的是將大量炸藥射向遠方。

現代砲兵使用口徑105～203mm，射程10～30km的**火砲**，一部分使用裝載在輪式或軌式（履帶）的車輛，能自力移動的**自走砲**。藉由自走化使砲兵的機動性提升，能夠和戰車等戰鬥車輛一起在戰場上移動。砲台本身也進步到自動、半自動化，能以高射擊速度正確地砲擊目標。

以前的砲彈只是發射後飛向目標爆炸，現在則開發出新種類的砲彈，有的能利用雷射導向目標，或是搭配火箭推進延長射程等。

射擊方法也持續系統化，從捕捉目標到射擊能即時處理，正確砲擊所需的座標資料也藉由GPS等變得更容易測量。

各種支援砲兵的手段也陸續開發，有反迫擊砲、反砲兵雷達、有人或無人航空器的偵察觀測系統、射擊統制系統等，假如網路化，還能無縫將資料送至砲台。

砲擊的實際狀態

砲擊有**彈幕**和**集中砲火**這兩種。彈幕是不決定正確的目標，發射砲彈覆蓋一定地區的砲擊。比起擊破對手，是為了壓制讓對手不能自由行動。多管火箭砲大多進行彈幕砲擊。

集中砲火是破壞特定目標的高密度砲擊。這種情況下，進行砲擊需要目標位置的資料。砲兵大部分的情況都是砲擊遠方看不見的敵人，但是就必須有人測量敵人的位置。地面的觀測班或航空器等將擔任這個工作。依照氣象條件等砲擊產生誤差時，加以修正也是觀測班的工作。

依照任務，砲擊有以下種類：

- **突擊支援射擊**：破壞阻撓我軍前進的敵方陣地等的集中砲擊。事前計畫，或是戰鬥時受到觀測班要求實施。
- **突擊粉碎砲擊**：阻止敵人攻擊的砲擊。事前瞄準前方地區，計畫砲擊該地。這個地區稱為殺戮區。
- **妨礙砲擊**：為了妨礙敵軍正常活動或安眠，隨機進行的砲擊。雖然實際上效果很少，但是心理的效果很大。
- **阻止砲擊**：目的是阻撓敵軍移動的砲擊。
- **反砲兵砲擊**：鎖定敵軍砲兵的砲擊。經由航空器偵察，或藉由反砲兵雷達探查砲彈飛來的方向，以得知敵軍砲兵的位置。相反地，進行射擊的砲兵若不立即移動位置，就會對敵人暴露自己的位置。能馬上移動的自走砲在這點很有利。

砲兵會按照任務靈活運用彈幕和集中砲火。

偵察部隊

部隊的眼睛

假如部隊的司令部是頭腦，戰車部隊和步兵部隊是手，**偵察部隊**就是部隊的眼睛。所謂偵察是從部隊本隊分開，由部隊直接收集自軍軍事行動所需的情報，調查有無敵人、數量、編制等敵情、地形或道路橋梁的狀況。尤其在敵人極有可能存在的地區，積極地探索敵人非常重要。一般是由小隊或中隊規模的部隊進行偵察，數人小規模進行時稱為**斥候**（scout）。

偵察有不被敵人察覺的**隱密偵察**，和公然揭示存在，一邊交戰一邊進行的**威力偵察**。

通常偵察是指隱密偵察，不過隱密偵察時發現敵人後部隊也會持續監視，盡可能獲得更多詳細的情報。偵察手段除了靠人目視，還有拍照、紅外線、以及探查車輛的戰場監視雷達等電子手段。戰場的狀況常常變化不定，藉由肉身的士兵獲得即時的情報非常寶貴。雖然現代經由偵察機或偵察直升機的偵察也很重要，不過能在最近距離持續監視的陸上偵察部隊的價值應該不會減少。

所謂威力偵察是刻意進行小規模攻擊獲得敵軍的情報。光是監視有時不太清楚敵軍的規模與編制，威力偵察是實際進行戰鬥，試圖獲得更詳細的情報。如果敵軍虛弱，直接繼續戰鬥也有可能打敗。

砲兵之中有時會讓觀測班像偵察部隊一樣進入前線，使用反砲兵雷達對敵軍的砲兵部隊收集情報。

偵察部隊的裝備

攻擊力和機動力兩者皆需要的偵察部隊，擁有與一般的裝甲部隊和步兵部隊不同的裝備。

- **非裝甲車輛**：如吉普車、悍馬車等沒有裝甲，卻機動力高的4輪驅動的小型車輛。
- **裝甲車**：各種輪式及軌式裝甲車。維持機動力同時擁有防禦力。
- **摩托車**：雖然在一般部隊很少使用，不過有些國家配備了能發揮高度越野性能的摩托車。
- **騎兵戰鬥車**：類似步兵部隊的步兵戰鬥車，差別在於減少乘車人員，強化武裝等。
- **輕戰車**：偵察部隊用，有時會配備輕量機動力高的輕戰車。也有可能配備一般戰車。
- **直升機**：移動與偵察用。
- **UAV（空拍機）**：使用小型隱密性高的UAV進行偵察。

考量到各國都在進行無人車輛研究的現況，在將來的裝備肯定會有無人車輛登場。

美軍的騎兵連隊

美軍在師團內編組大規模的偵察部隊，稱為**騎兵連隊**。騎兵是騎馬移動，有時騎著馬戰鬥的兵種，不過現代騎兵搭乘裝甲車輛或直升機，是能在戰場上比其他部隊更快速移動戰鬥的兵種。擁有Ｍ１戰車和Ｍ３騎兵戰車等與一般部隊相同的重裝備，不只威力偵察，也能進行普通的戰鬥。騎兵部隊的主要任務是走在本隊前頭行動，或是警戒本隊側面。此外，騎兵部隊會配備數架偵察直升機，成為師團的眼睛。

在自衛隊只有第７師團配備戰車，擁有這種偵察部隊。

空降部隊

▼ AIRBORNE FORCES ▼

- 空降作戰
- 直升機運送
- 特種部隊

空降作戰與直升機運送

空降作戰（airborne）用於為了緊急占領目標，或是不利於登陸作戰或渡河作戰等，攻擊難以在地面移動攻擊的地點時。「空降作戰」有時會與直升機作戰合稱為**「空中機動作戰」**，但由於這種作戰模式主要還是讓地上戰鬥部隊憑藉航空部隊迅速地進行機動作戰，所以大多時候只簡稱為「空降作戰」。

空降作戰當初是從運輸機降落傘空降，或是乘滑翔機強行著陸，不過在現代幾乎不再使用滑翔機，改用直升機代替。

空降部隊是進行空降作戰的專門部隊。尤其藉由降落傘的空降作戰，是讓特別編組、訓練的部隊搭乘運輸機，能長距離迅速移動，在目標地區降落傘空降或是強行著陸，確保目標地區內的要地。這個陣地叫做**空降堡**。

藉由降落傘的空降作戰在第二次世界大戰時大規模實施，常常將敵方前線的背後當成目標，雖然風險高，卻能對敵人造成極大的威脅。第二次世界大戰前半和後半，日德、美英分別實施了大規模的空降作戰。空降部隊空降後，只能從空中接受補給，在地面部隊進攻之前被迫進行嚴酷的防禦戰鬥。成為許多故事題材，美英實施的**諾曼第戰役**，和**市場花園行動**是數萬人規模的士兵空降的知名作戰，不過兩者的空降部隊都受到重大損害，尤其在市場花園行動空降在最遠處的部隊遭受毀滅性的打擊。

戰後不再進行風險高的大規模空降作戰，只在小規模作戰，或是作為急忙派遣增援的手段才實施空降作戰。伊拉克入侵科威特之後，為了防衛沙烏地阿拉伯空降部隊被急忙空運過來，卻未實施降落傘空降。空降部隊的特色是輕裝備，因為適合迅速移動，所以被選為先遣部隊。

直升機運送作戰是讓空降部隊搭乘直升機移動到戰線後方，空中移動在戰場的要地或軍事設施強行著陸，或是成為增援，對敵軍背後或側面奇襲的作戰。和降落傘空降不同，士兵不需接受特別訓練，但是必須備齊許多高性能的直升機。

美軍在越南戰爭頻繁地進行直升機運送作戰，之後各國編組直升機運送部隊直至今日。

全球的空降部隊

現在只有美國、俄羅斯、中國編組大規模的空降部隊，其他國家只有編組小規模的部隊。小規模的空降部隊兼具**特種部隊**的特性，實際上經常被歸類在特種部隊。

空降部隊（國籍）	解說
第82空降師團（美國）	1萬5000名。大規模的傘兵部隊。
第101空降師團（美國）	1萬8000名。也稱為空中突擊師團，全師團都能直升機運送。
第173空降旅團戰鬥團（美國）	3,300名。在伊拉克戰爭實施降落傘空降作戰。
第16空中突擊旅團（英國）	8,000名。降落傘空降、直升機運送兩者皆能達成。
第11傘兵旅團（法國）	8,500名。傘兵部隊。
第2外國傘兵連隊（法國）	1,100名。傘兵部隊。
空降軍（俄羅斯）	35,000名。由4個師團、4個旅團組成快速部署部隊。
第15空降軍團（中國）	50,000名。由6個空降旅團組成快速部署部隊。
第1空降團（日本）	1,900名。除了降落傘空降，作為直屬陸上總隊的快速部署部隊防備有事。
第12旅團（日本）	4,000名。編制內有直升機隊，部隊的一部分能進行直升機運送作戰。

支援部隊

SUPPORT UNITS

- 工兵
- 通信
- 運輸

沒有支援部隊就無法作戰

戰鬥部隊不擅長戰鬥以外的事。如果沒有工兵隊就無法越過反戰車壕，也無法通過地雷區。若是沒有運輸隊，彈藥和燃料立刻就會用完，戰車只會變成鐵塊。假如沒有整備隊，就無法修好故障，萬一敵人使用化學武器，就需要專家的協助。

支援部隊維持戰鬥部隊的戰鬥力，依照情況也能提高戰鬥部隊的能力。越是能培養優秀專家的先進國家，支援部隊的比率有越高的傾向，這在現代戰爭顯著地顯示支援部隊的重要性。

★ 建設業也相形見絀——工兵隊

支援兵種之中，工兵在最接近戰場的地方行動。一部分**工兵**與戰鬥部隊共同行動，甚至在砲火中爆破障礙物或進行建設作業。各師團至少擁有 1 個大隊的工兵部隊，不過不隸屬師團，按照需要編入編制的工兵部隊也為數不少。

工兵隊的任務大多是**建設**。如果是幅面窄的河，就展開裝載在車輛上的折疊橋；若是河面寬的河，就排列**浮橋**（pontoon），戰車就能通過上面渡河。此外，還存在著**架橋工兵**、**建設工兵**等專門化的工兵。不僅如此，挖掘地面也是工兵的工作。使用推土機等挖掘反戰車壕，不讓敵軍戰車通過，或是挖掘讓步兵躲藏的塹壕。

不只是建設，工兵也會破壞戰鬥部隊處理不了的巨大障礙物或構造物。使用推土機除去障礙物，有時使用大量炸藥爆破障礙物或構造物。橋梁和建築物等構造物比想像中還要難以破壞，在掌握構造之後，得在弱點設置炸藥才能在短時間內有效地爆破。工兵隊熟知這一點。另外，敵人也經常在橋梁等重要基礎建設設置炸藥，除去炸藥也是工兵的工作。工兵積累了各國的炸藥和引爆裝置的知識。

找出、除去地雷也是工兵的工作，作為聯合國的支援活動的一環，為了除去地雷有時會被派遣至海外。

維持網路——通信隊

通信隊是軍隊的神經，從師團到上級的司令部，到處都有通信隊。確保與長距離通信和人造衛星的連結、確保與他國軍隊的通信線路、和前線與司令部的通信、與空軍等其他軍種的通信等，透過有線、無線、網路等來進行。由於與民間重疊，雖然能使用的頻帶絕不算多，卻要維持通信，保守通信機密，最近還要防備網路攻擊等，現代軍隊網路化進步，通信隊是在背後支撐的部隊。

記錄影像也是通信隊的工作，記錄、管理活動和災害時的影像，或是按照需要發布，也是通信隊的任務之一。

推動軍隊的大動脈——運輸隊

運輸隊是軍隊的血管。他們利用數量龐大的**卡車**，和卡車牽引的**拖車**，將彈藥、燃料、食物等數量龐大的補給品送到軍隊全體。高度機械化的軍隊會大量消耗柴油、汽油、航空燃油等各種燃料，因此也需要載運燃料的**油船**（和油罐車）。伊拉克戰爭時，美軍送到的運輸車輛數有3萬7000輛，達到相當於大型運輸公司的數量。

運輸隊通常只有少數武裝，也經常成為游擊隊的攻擊對象。在伊拉克戰爭遭受襲擊的補給隊女性士兵變成伊拉克軍的俘虜，這件事被大肆報導。

中東戰爭時在以色列，不只民間的卡車，軍隊也徵用了市區公車和校車等所有大型車輛。此外還有例子是，預先與民間的運輸公司和航空公司簽約，平時支付補助金，但是商定好有事時就借用車輛、船舶、飛機。

輕兵器

士兵裝備的各種兵器

自從使用火藥發射子彈的槍發明以來，步兵的主要武器就變成槍。槍隨著技術發展而進化，配合用途與戰術開發出各種槍械。步兵裝備的槍械稱為**步兵武器**或**輕兵器**。

主要的步兵武器如下：

- **步槍：**槍身長，能正確瞄準長距離的目標。以前步兵武器的主流是手動式的步槍。有效射程約1,000公尺左右。
- **狙擊步槍：**安裝兩腳架或望遠鏡等，狙擊用的步槍。重視精密度，通常是手動式或半自動式，沒有連發功能。還有稱為反器材步槍的大口徑狙擊步槍。
- **突擊步槍（突擊槍）：**為了讓步槍可以連發，使用比步槍彈裝彈藥較少的彈藥。槍身也比步槍還要短。是現代步兵武器的主流，從軍隊到民兵廣泛使用。有效射程數百公尺。
- **卡賓槍：**原本是為了讓騎兵在馬上容易使用，槍身減短的步槍就稱為卡賓槍。現代指突擊步槍短槍身化的槍。用於城市戰或搭乘步兵戰鬥車等時候。有效射程比突擊步槍略短。
- **衝鋒槍：**雖然射程短卻容易轉身，所以在特種部隊和警備型的部隊使用。有效射程約100m左右。有些衝鋒槍（PDW）使用專用子彈，而非手槍子彈。

- **手槍**：在野外由於射程短所以很少使用，被軍官和後方部隊作為護身用。有效射程25m左右。
- **霰彈槍**：發射霰彈。在城市戰使用。
- **機關槍**：能長時間連續射擊，壓制戰場。

每一發射擊，便排出彈殼，手動裝填下一發子彈的槍稱為**手動連發式**，利用發射的氣壓與反作用力自動裝填的則稱為**半自動**。扣板機時可以連續射擊的槍稱為**全自動**。

所謂**子彈**，是指從槍發射的物體，稱作**彈藥**時，也包含填塞了發射用火藥的彈殼。

步槍與手槍使用的彈藥完全不同。在表格和插圖揭示各自的不同。依照槍的種類有更多種類的彈藥存在。彈藥的種類以「5.56mm X45」表示「口徑 彈殼的長度」，不過有時會像「9mm魯格手槍」這樣，使用各種慣用名或商標。

彈種	使用槍枝	解說
步槍子彈	步槍、機關槍	彈殼又粗又長。由於使用許多火藥所以射程長，威力也強大。
突擊槍子彈	突擊步槍、卡賓槍	小型的步槍子彈。
手槍子彈	手槍、衝鋒槍	彈殼短，射程短，威力也弱。

步槍

RIFLE

數百年來步兵的主力兵器

槍的始祖據說最初是13世紀蒙古軍遠征歐洲時所使用的，經由歐洲人之手進行改良，之後長久以來成為步兵的主力兵器。步槍這個名稱的由來是刻在槍身內側的溝。這條溝藉由使子彈旋轉提高子彈的直進性，謀求提高命中率和延長射程，因此現在除了部分的戰車砲，在槍和火砲變成了一般的技術。在步槍之前的時代，使用槍身沒有溝的火槍，日本戰國時代使用的火繩槍也是其中一種。小說《三劍客》的原題名叫做《三個火槍手》，意指能將當時高價的火槍運用自如的士兵。

步槍直到20世紀初都是手動連發式，叫做**手動槍機**，是射擊後操作槓桿排出變空的彈殼，裝填全新彈藥的形式。第二次世界大戰時半自動式的步槍，和利用小型彈藥的**突擊步槍**登場了。

在現代，士兵基本上裝備突擊步槍（突擊槍），只有狙擊手使用傳統的手動槍機和半自動的步槍。

突擊步槍的製作目的是傳統步兵用步槍和衝鋒槍中間的功能，雖然射程不如步槍，卻是自動式可以連發。為了抑制消耗發射的子彈，所以是每次發射三發，也有三發點射的形式。雖然突擊步槍的彈藥裝進可放20～30發的彈匣（magazine）內，不過自動連續發射3秒就會射完。另外和機關槍不同，步槍的槍身不適合長時間連續射擊。進行長時間連續射擊會**過熱**，引起故障就有可能無法射擊。M4A1卡賓槍是M16槍身減短的型式，不過也有同樣的問題。

突擊步槍當初使用的口徑為7.62mm，但為了抑制連發時的反作用力，增加士兵能攜帶的彈數，開始傾向於小口徑化。美國的M-16是最初的突擊步槍，採用5.56mm口徑，之後包含日本的許多國家開始採用小口徑的突擊步槍。

突擊步槍	使用國家	裝彈數	彈藥
M16	美國等	30	5.56mm×45
AK47	俄羅斯等	30	7.62mm×39
AK74	俄羅斯	30	5.45mm×39
HK416	法國等	30	5.56mm×45
AUG	奧地利等	30	5.56mm×45
G36	德國等	30	5.56mm×45
L85A3	英國	30	5.56mm×45
64式7.62mm步槍	日本	20	7.62mm×51（少裝藥）
89式5.56mm步槍	日本	20／30	5.56mm×45
03式自動步槍	中國	30	5.8mm×42

傳統型的步槍是給狙擊手使用的。由射擊運動用M700步槍衍生的M24狙擊步槍是手動槍機式，在美國和日本使用。

狙擊步槍有一種巴雷特M82，使用重機槍所用的12.7mm這種大口徑的彈藥。由於很像以前的反戰車步槍，所以也稱為**反器材步槍**。巴雷特M82的威力太大（子彈重量、火藥量皆是7.62mm彈的5倍），因此對人使用在國際法上被視為問題（然而並沒有具體條文禁止大口徑步槍對人射擊）。

狙擊步槍	使用國家	裝彈數	彈藥
M24狙擊步槍	美國、日本	5	7.62mm×51
SVD狙擊步槍	俄羅斯等	10	7.62mm×54R
巴雷特M82	美國	10	12.7mm×99
L115A3	英國、德國	5	8.58mm×70

手榴彈

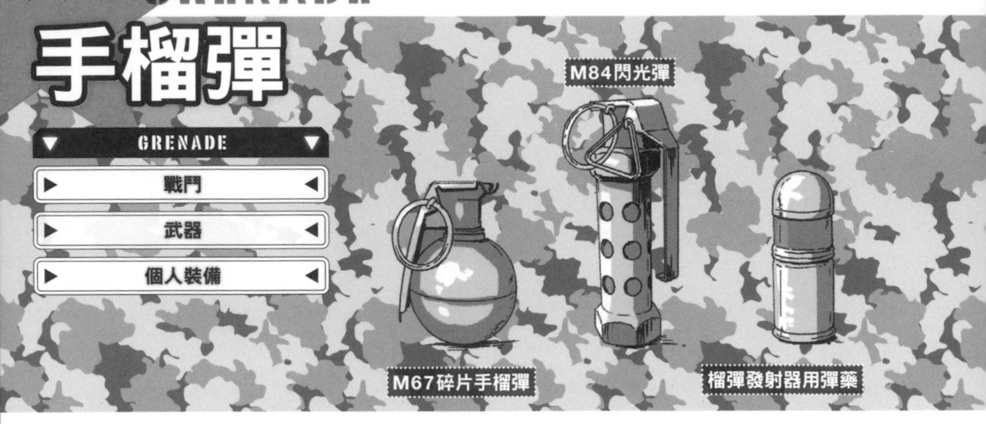

手榴彈

所謂**榴彈**簡單地說就是炸彈，通常用於對敵人投擲，所以也稱為**擲彈**。也有使用裝置和裝彈藥發射型的榴彈，因此人用手投擲的特別稱為**手榴彈**（Hand Grenade）。所謂榴彈是砲兵的用語，是裡面充填炸藥的彈丸。

大部分的手榴彈是在金屬製外殼裡面充填40～200公克左右的炸藥，整體重量約400公克左右。一般士兵能投擲到20～30公尺的距離。一般形狀是卵形或圓柱形，在第二次世界大戰之前，還有附加把柄容易投擲的類型。

手榴彈安裝了信管，取下插銷等安全裝置放開撞針桿或是拉細繩點燃。信管在3～5秒後引爆炸藥，投擲到達目標後爆炸。

手榴彈爆炸後，藉由爆炸的衝擊和飛散的外殼碎片等讓周圍15m左右的人死傷。能有效掃蕩堅守在室內、塹壕或碉堡等密閉空間裡的敵人，一次能讓許多敵人死傷。

手榴彈如表格有各種種類，有些充填化學劑等而非炸藥，也有發出聲音與閃光麻痺敵人等類型。第二次世界大戰時，雖然也有使用反戰車高爆彈的反戰車用手榴彈，不過如今銷聲匿跡了。

手榴彈有時被用來當成餌雷（陷阱）。在安全插銷綁上金屬絲等，敵兵的腳勾到後，或是打開門就會爆炸。

手榴彈的主要種類

種類	解說
碎片手榴彈	使用頻率最高的手榴彈，如果只說手榴彈，就是指碎片手榴彈。隨著爆炸，外殼會變成能充分發揮殺傷力的細小碎片，殺傷周圍的敵兵。
攻擊手榴彈	使用薄外殼增加炸藥量，爆炸的衝擊比碎片更能殺傷敵兵。在密閉空間炸藥量多的攻擊手榴彈威力比較大。
燒夷手榴彈	充填磷或鋁熱劑等燃燒劑代替炸藥，讓火災發生。人遭受被害後會嚴重燒傷並且蒙受磷引起的副作用，所以有人主張這是非人道的兵器。
閃光手榴彈	也被稱為閃光彈，發出聲音和閃光使敵人麻痺。主要用於維持治安。
煙霧手榴彈	充填化學劑代替炸藥，噴出煙霧。
催淚手榴彈	充填化學劑代替炸藥，噴出催淚瓦斯。
照明手榴彈	充填燃燒劑代替炸藥，持續發光一定時間。

榴彈發射器——步兵的大砲

榴彈發射器是將口徑30mm到40mm的榴彈射到遠處的武器。射出的榴彈如砲彈般由彈頭和火藥構成，只有爆炸的彈頭飛走。從小型單發的類型，到裝載在車輛的大型自動式類型有各種種類。

步兵裝備的榴彈發射器射程大約150～200m，主要作為分隊的支援火力使用。步兵分隊配備的榴彈發射器，如同美軍的M203榴彈發射器是下方砲筒式，也就是安裝在突擊步槍槍身下面的形式。這種形式是即使裝填榴彈，突擊步槍也能進行一般射擊。但是也有突擊步槍的強度和反作用力的問題。

1個步兵分隊會配備1挺下方砲筒式榴彈發射器，發射榴彈、煙霧彈、照明彈、霰彈、催淚彈等。

連發式榴彈發射器可以連續發射榴彈。

火砲

攻擊力的重心

火砲是將沉重的砲彈射向遠方破壞目標，或是壓制的武器。依照發射砲彈的原理與用途有各種種類。

有時使用2種「**口徑**」表示火砲的尺寸。第一個「口徑」是指砲身內側的直徑。另一個「口徑」是將砲身的長度以第一個「口徑」的倍數來表示。因此假如是「44口徑120mm砲」，意思就是砲身內徑為120mm，砲身長度就是44倍5,280mm。

隨著火砲大口徑化與砲彈進化威力提升，由於觀測手段與電子、光學感應器的發達，發現目標後到砲擊開始的時間縮短，命中準確度也提升了。

火砲的射擊方法有直接瞄準能看見的目標射擊的**直接射擊**，和根據觀測班的情報射擊看不見的敵人的**間接射擊**這2種。直接射擊是以高初速的低伸彈道發射砲彈，間接射擊是以拋物線的彈道發射砲彈。由於瞄準方式完全不同，所以通常所有火砲皆設計成只能運用其中一種射擊方法。

進行間接射擊的火砲如下：

- **榴彈砲**：砲兵的主力，藉由火藥爆炸的能量將沉重砲彈發射至遠方的火砲。主要是發射充填炸藥的砲彈，因此稱為榴彈砲。由於在戰場使用所以也叫做野砲。具備吸收射擊反作用力的駐退裝置和沉重砲架。砲身長、射程長的榴彈砲也稱為加農砲。

另外，方便用直升機搬運，輕量化的榴彈砲也稱為輕砲。榴彈砲不只間接射擊，也能進行直接射擊。各師團配備105～155 mm的榴彈砲，這稱為師團砲兵。不隸屬師團的203 mm的大口徑榴彈砲稱為軍團砲兵，按照需要支援師團砲兵。

- **迫擊砲**：由短砲身和基座構成，構造單純的筒狀砲。擁有低初速，高拋物線的彈道。口徑60～120mm，通常從砲口裝填有翼砲彈。雖然輕量小型發射速度快，操作也簡單，但是命中準確度很低。
- **火箭砲**：發射無導向的火箭彈。火箭彈可以一次大量發射，雖然準確度不高，不過威力與對敵人造成的心理效果很大。不需要複雜的發射裝置。美軍的MLRS（多管火箭系統）在波斯灣戰爭也很活躍。

進行間接射擊的火砲裝載在車輛，或是被車輛牽引移動。裝載在車輛能自己移動的火砲是**自走砲**；被卡車等牽引移動的火砲稱為**牽引砲**。自走砲之中也有擁有砲塔，而且藉由履帶移動，外觀類似戰車的類型。自走砲比起牽引砲移動結束後開始射擊，或是射擊結束後再次移動的時間較短，因此在戰術上很有利。

此外，進行直接射擊的火砲如下：

- **戰車砲**：戰車搭載的火砲。口徑105～125mm，設計成能進行高初速、低伸彈道的準確射擊。砲身安裝了熱砲管套，防止氣溫影響造成彎曲。
- **機關砲**：構造和機關槍幾乎相同，不過口徑20mm以上的稱為機關砲。主要裝載在裝甲車、飛機、船艦。
- **無後座力砲**：設計成火藥的部分氣體排到砲身後方的火砲，噴到後方的氣體的運動量，和砲彈的運動量平衡變成無後座力。由於無後座力所以構造單純輕量。也能裝載在吉普車等小型車輛上，主要用來作為反戰車兵器。

進行直接射擊的這些火砲，是和敵軍直接面對面作戰，因此除了一部分對空用的機關砲，能夠自走正是基本。

砲彈

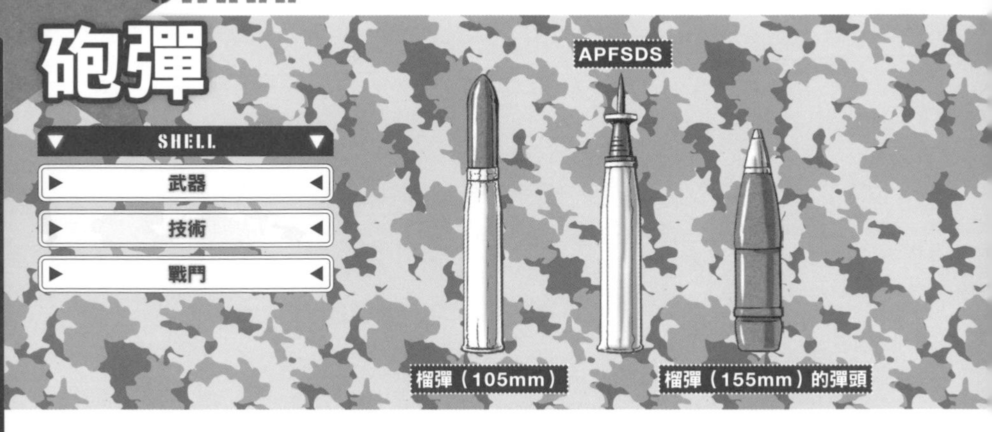

選擇適合用途的砲彈非常重要

砲彈從單純的金屬塊到精密的APFSDS有各種種類。砲彈由兩個部分構成，一是發射的**彈頭**，二是給予彈頭飛行能量的**火藥**（發射火藥）。若是大口徑的砲彈重量也會增加，彈頭和火藥各自分開，有時設計成得依序裝填至砲管。火藥裝進金屬製的砲彈殼或可燃性的火藥囊中。

火藥也依照彈頭種類而使成分不同，不過砲彈的種類主要以彈頭的種類分類。

- **穿甲彈**：也稱為AP（Armor Piercing）彈的重金屬製砲彈，以強大動能破壞目標。
- **榴彈**：也稱為HE（High Explosive：高性能炸藥）彈的標準砲彈。裡面充填炸藥，用信管引爆。信管有在中彈時引爆的瞬間爆發式，用於厚實的混凝土製目標等；中彈後晚一點引爆的延遲式；發出電波判斷目標很近就引爆的VT（近發信管）式等。
- **燒夷彈**：充填磷或鋁熱劑等燃燒劑代替炸藥，讓火災發生。
- **煙霧彈**：充填化學劑代替炸藥，噴出煙霧。
- **照明彈**：充填燃燒劑代替炸藥，持續發光一定時間。降落傘張開，會停留在空中一陣子。

- **曳光彈**：發光，射擊空中目標等時候，用在難以掌握砲彈飛行方向時。在空戰的影片能知道砲彈的軌跡都是多虧了曳光彈。不過缺點是也會暴露射擊方的位置。
- **火箭助推砲彈**：在砲彈加上火箭，延長射程。
- **空爆燃燒彈**：充填可燃性液體代替炸藥，一次用炸藥在周圍散布後點火、爆炸。和燃料空氣炸彈以相同原理產生高溫、高壓的衝擊波。

除此之外，還有充填毒氣的**化學彈**、射出核彈的**核砲彈**、散射細微碎片殺傷士兵的**霰彈**等。

反戰車砲彈

對裝甲堅固的戰車使用的現代砲彈擁有特殊構造，大致可分成三種：

- **APFSDS（尾翼穩定脫殼穿甲彈）**：APDS（脫殼穿甲彈）是由筒（砲彈筒）包住堅硬的金屬製彈頭，發射之後脫殼的砲彈。發射時全口徑承受壓力，不過砲彈筒脫離後空氣阻力減少，能以強大的動能破壞目標。由於彈頭變得細長，很難像以前一樣讓彈頭旋轉獲得直進性，於是變成使用藉由穩定尾翼獲得直進性的APFSDS。彈心使用沉重貧化鈾的貧化鈾彈也是APFSDS。
- **HEAT（反戰車高爆彈）**：將炸藥壓製成圓錐狀的砲彈。命中目標爆炸後，會產生高溫高壓的噴射流，在裝甲開出小洞。不需要高速，因此也用於反戰車火箭彈。也叫做化學能彈。
- **HESH（黏著榴彈）**：命中黏在裝甲表面後爆炸，藉由衝擊破壞內部的砲彈。對混凝土建築物也有效。

反戰車砲彈的種類和構造將在p. 122的專欄介紹。

戰車

攻守走優異的陸戰主角

戰車自第二次世界大戰以後便獲得陸戰主力兵器的寶座。戰車兼具強大的火力、良好的防禦力、優異的機動力，是通用性極高的兵器。

戰車的英文叫做「Tank」，據說由來是因為英國製作的第一輛戰車形狀很像水槽。現在攻守走取得平衡的戰車稱為**主力戰車**（MBT：Main Battle Tank）。戰車之所以是戰車的要素，戰車的機械式特徵如下：

- **主砲**：搭載120mm左右的戰車砲。主流是能發射APFSDS，沒有溝的滑膛砲。藉由穩定器（砲口穩定裝置），即使移動時也能穩定射擊。有些戰車具備自動裝填裝置。
- **裝甲**：經由強大的裝甲板防護。金屬裝甲板夾著陶瓷等的複合裝甲（Hybrid Armor）被廣泛使用。另外也使用追加裝甲或ERA等。
- **引擎**：雖然主流是1200～1500馬力的高輸出柴油引擎，不過美軍的M1戰車搭載了燃氣渦輪引擎。儘管主流是將引擎配置在車體後面，不過像以色列的梅卡瓦主力戰車則是配置在前面。在道路上的速度約60～70km，在不平坦的土地則是50km左右。
- **行駛系統**：藉由履帶（在英語稱為track）行駛，即使在沒有道路的地方也能來去自如。起動輪驅動履帶，其他轉輪擔當支撐戰車重量的角色。懸吊系統一般是利用金屬製扭力桿的扭力桿懸吊。也有像自衛隊採用主動懸吊的例子。

戰車裝備了最高級的**感應器**和**射控系統**（FCS）。藉由環境感應器等獲得所需的風向和氣溫等數據，用來協助雷射測距儀、光學／紅外線瞄準器、修正瞄準，正確測量敵人的位置，並由FCS統整數據調整火砲。還有**被動式紅外線熱影像儀**，能在夜間、濃霧或煙霧的影響下獲得紅外線影像。通信方面準備了**數據鏈結**，逐漸變成也能利用司令部或其他車輛的數據。

除此之外，還準備了察知敵人瞄準的雷射光和妨礙用的**煙霧彈發射器**，提高氣密性防止毒氣、生物武器、放射性物質侵入，下了許多工夫。

那麼戰車的弱點是什麼？首先是車體太大。在市區這很麻煩。再來是難以掌握外部的情況。所有的艙口關閉後，必須依靠**潛望鏡**或**監視錄影機**才能得知外面的情況。此外，履帶或起動輪被破壞後，即使裝甲毫髮無傷，戰車也無法行駛。

現代的代表性戰車整理如右表。

全球的現役戰車	生產國
M1	美國
T-80、T-14	俄羅斯
豹2戰車	德國
挑戰者2戰車	英國
勒克萊爾戰車	法國
99式戰車	中國
K2	韓國
10式戰車、90式戰車	日本

戰車概略圖

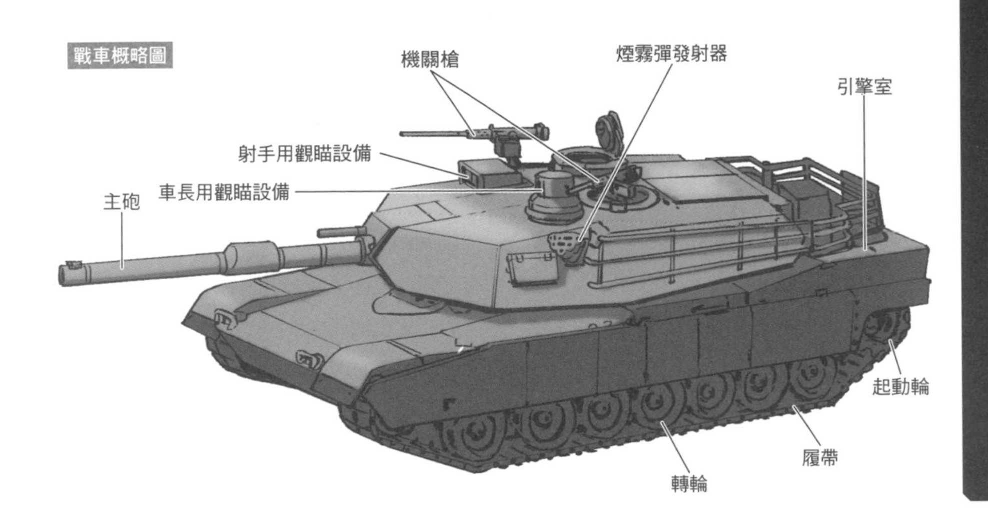

戰車的構造

車體與裝甲

戰車基本上是沒有支柱與梁的**硬殼式結構**，藉由鋼鐵製的裝甲板構成基本的形狀。內部分成**戰鬥室、操縱室、機關室**，為防止被害擴大和噪音而隔離。戰鬥室與砲塔內部的空間相連，地板是與砲塔一起旋轉的構造。

構成硬殼的裝甲板形狀是平面，或者是平緩的曲面，基本上藉由焊接組裝。大幅傾斜的形狀（傾斜式）也很常見，能使命中的砲彈滑動。

裝甲厚會增加防禦力，不過重量增加會使機動力降低。另外，藉由反戰車高爆彈的登場，火箭筒和反戰車飛彈等步兵也能使用的武器，也可以貫穿鋼鐵製的厚重裝甲，所以裝甲再厚也沒有意義。因此在現代裝甲板變成雙層、三層，使用中間預備空間的**中空裝甲**（Spaced Armor）或封入各種材料的**複合裝甲**。

此外，有時會安裝裝甲或預備履帶，覆蓋車體和砲塔周圍提高防禦力。有時也會安裝對反戰車高爆彈有效的**爆炸式反應裝甲**（也叫做ERA：反應裝甲）。ERA是封入炸藥的箱形裝甲，反戰車高爆彈命中後會爆炸，讓砲彈的能量擴散。

儘管如此戰車整體被厚重裝甲覆蓋機動力就會降低，所以現代戰車在砲塔前面和車體前面重點式地用裝甲覆蓋，其他部分裝甲較薄。美國的M1戰車擁有厚重的複合裝甲，但是在伊拉克戰爭等時候，也能看到引擎室周邊受到步兵的反戰車火箭攻擊，因而著火，陷入無法行動的例子。

近年**模塊化裝甲**受到矚目。它的裝甲板不是以往的硬殼式結構的一部分。雖然需要安裝用的框架，不過即使中彈損失也能只更換該部分，還有一個優點是，當技術進步出現全新裝甲材料時就能更換。法國的勒克萊爾戰車、自衛隊的10式戰車皆採用模塊化裝甲。

引擎和行駛裝置

現代的戰車用引擎由於燃料的經濟性和不易發生引擎失火等理由，使用**輕油**的**柴油引擎**成為主流。也有像美國的M1，搭載了使用**航空煤油**（接近燈油）的**燃氣渦輪引擎**。現代的戰車用引擎輸出達到1200～1500馬力，在平地能以時速60～70km行駛。現代的戰車大部分將引擎置於後面，後面的起動輪轉動履帶。以色列的梅卡瓦主力戰車是例外，將引擎置於前面能提高中彈時搭乘人員的存活率，可以讓人員或負傷者坐在後面空間。

現代戰車裝備大量使用電氣的裝置，不久的將來，混合戰車、動力或火砲全都電氣化的電氣化戰車也有可能出現。

戰車的變速器具有藉由左右改變起動輪旋轉數的構造，可以改變左右履帶的速度。也能讓履帶左右反過來轉動，當場可以改變車體的方向（**原地轉向**）。引擎和變速器一體化，合稱為**動力單元**。

戰車能行駛在凹凸不平的地面不只是因為履帶，也是多虧了優秀的懸吊系統。現代戰車大部分採用了利用金屬製扭力桿的**扭力桿懸吊**。由於是獨立懸架衝程很長，所以特點是路面適應性優異。此外，也有像自衛隊的戰車採用油壓式的**主動懸吊**。這是除了扭力桿，在轉輪安裝了油壓缸。油壓缸除了發揮懸吊的作用，還能調整裡面的壓力，改變車體高度或是讓車體往前後左右傾斜。但是因為成本高構造也複雜，所以在日本以外並不普遍。

何謂第四代戰車？

第二次世界大戰後的戰車，大致分成三階段進化。這稱為「世代」，現代戰車相當於第三代。戰車的進化也很像矛與盾的力量關係，可謂攻擊手段與防禦手段互相爭鬥的結果。

第一代戰車是從1940年代後半到1950年代的戰車，主砲90～100mm，為了偏移敵軍的砲彈，砲塔帶有圓弧。美國的M46、蘇聯的T-54、日本的61式戰車等皆屬於此類。

第二代戰車從1960年代中期開始登場，配備105mm砲或115mm滑膛砲，重視機動性。藉由戰車砲與反戰車飛彈的進化，即使戰車裝甲再厚也無法防禦，但是藉由提高機動性作為防禦。美國的M60、蘇聯的T-62、德國的豹式戰車、日本的74式戰車等皆屬於此類。

第三代戰車在1980年代前半登場。重大改變是算是裝甲。複合裝甲開發出來，重量並未大幅增加，防禦力卻大大地提高，戰車再次恢復攻守走取得平衡的樣貌。主砲的主流是120～125mm滑膛砲，射控系統電腦化也是特色。美國的M1、蘇聯的T-72、德國的豹2戰車、英國的挑戰者戰車、法國的勒克萊爾戰車、日本的90式戰車等皆屬於此類。

所謂次世代戰車就是**第四代戰車**，不過第三代戰車登場經過近30年，卻仍未見到它的蹤影。以前戰車開發的推手歐美各國並未預定開發新型戰車。只有改良、改造現有戰車的計畫。雖然在東亞日本開發10式戰車、韓國、中國也開發新型戰車，不過都沒見到稱得上第四代的進化。

冷戰終結，現代軍事的核心朝向低強度紛爭，或許沒有餘裕挪用巨額預算去開發戰車。

對未來戰車的要求

從戰略面、戰術面對次世代戰車要求的事項如下所述。以1種戰車滿足所有要求非常困難，或許也必須思考與其他裝甲車輛互相彌補不足。

- **城市戰用戰車**：儘管低科技，反戰車火箭彈的一齊攻擊對戰車卻是威脅，城市戰用必須加強防禦力。部分戰車已經開始改造。
- **小型、輕量化**：軍隊規模逐漸縮小，變成以較少的兵力根據情況在紛爭地區展開。戰車也得經由運輸機立即運送，因而需要小型、輕量化。
- **省力、無人化**：軍隊人數也有縮小的傾向，因此必須減少戰車的搭乘人員。藉由裝備的自動化、電腦化減少搭乘人員，也研究無人化。
- **整合式電力推進**：藉由從電瓶或發電機獲得的電力推動戰車。主砲也改成電磁砲（Rail Gun），不用裝彈藥。
- **隱密化**：在形狀與材質下工夫，對可視光、熱線、雷達波獲得隱密性。已經在進行研究與驗證測試。

裝甲車

形形色色的戰鬥車輛

輪式裝甲車是車體全部或一部分施加裝甲，保護搭乘人員不被砲彈碎片或機關槍等傷害的**輪式車輛**，用於偵察或指揮等。

輪式裝甲車的登場比戰車還要早，在第一次世界大戰初期將汽車改造的裝甲車登場。裝甲車被正式使用是從第二次世界大戰開始，8輪行駛的大型裝甲車也是在這時誕生。

輪式裝甲車的特色如下：

- **攻擊力**：搭載口徑20～35mm級機關砲，能擊破敵方裝甲車。還搭載反戰車飛彈，對抗強大的戰車。
- **防禦力**：雖然裝甲遠比戰車貧弱，卻能防禦步兵使用的輕兵器槍彈。
- **機動力**：具有4輪到8輪的輪胎，其中至少4輪驅動行駛。也有6輪驅動、8輪驅動的裝甲車。前後輪胎大多也能轉向，雖然比不上軌式車輛，但在不平坦的土地上也能移動。路上行駛性、耗油量、整備性都比軌式優秀，適合要求高速性的偵察車等。
- **重量**：比軌式車輛更輕量。
- **成本**：比軌式車輛更便宜，能大量採購。因此主要裝置與零件等共通之後，能按照使用目的變更武裝或車內配置等，容易打造衍生型。這叫做家族化，製作出指揮車、兵員運輸車、自走砲、救護車等衍生型。

此外，裝甲車有時作為警用，用於治安、警備等，不過通常機動性和裝甲都不如軍用車輛。

史崔克旅團

美國從大約1999年想出一個方案，要在紛爭變成正式的戰爭前抑止，就必須及時將部隊送至紛爭地區，96小時內將**1個旅級戰鬥隊**送至世界上任何地方。只有空運能實現這點，車輛的重量也必須全都限制在20噸以下。因此，從輕量8輪的史崔克裝甲車，製造兵員運輸車、反戰車飛彈車和自走砲等衍生型，編組僅由史崔克車輛構成的部隊。這支部隊叫做**史崔克旅團**。史崔克旅團能在紛爭地區迅速展開，但是防禦力薄弱，因此缺點是不能投入市區等地。

COLUMN 軍用車輛的分類

馳騁戰場的車輛不只戰車。按照各自的任務運用各種車輛。這些車輛依「有無裝甲、行駛裝置的種類、能否載運步兵」分類後便如下表：

種類	裝甲	行駛方式	步兵
戰車	◎	軌式	×
自走砲	△	兩者皆有	×
裝甲車	○	兩者皆有	○
野戰車	—	輪式	○
裝甲兵員運輸車（APC）	○	兩者皆有	○
步兵戰鬥車（ICV）	○	兩者皆有	○

輪式的APC之中也有和裝甲車外觀一模一樣的類型，但是為了載運步兵，車內配置不一樣。

步兵戰鬥車

ICV

- 裝甲兵員運輸車
- 戰場計程車
- 戰鬥團

步兵如何跟隨戰車？

前面敘述過戰車必須請步兵支援，不過步兵要如何高速移動，和戰車共同行動呢？最簡單的方法是坐在戰車上，不過在暴露於槍彈和砲彈之下的戰場上，這個方法太危險了。步兵通常搭乘別的車輛和戰車一起移動。

步兵搭乘的車輛需要保護步兵的裝甲。此外，戰車即使在不平坦的土地也擁有良好的機動力，因此步兵搭乘的車輛也需要機動力。第二次世界大戰時，德軍和美軍將**半履帶車**這種前輪是輪胎，後面是履帶的半軌式裝甲車輛用於運輸兵員等用途。這種能載運步兵的裝甲車輛稱為**裝甲兵員運輸車**（APC：Armored Personnel Carrier）。

第二次世界大戰後，各國開始開發、配備APC。APC有藉由履帶行駛的軌式，和藉由輪胎行駛的輪式。兩者皆具有密閉式座艙（步兵搭乘的空間），施加裝甲保護步兵不被輕兵器槍彈或砲彈碎片傷害。此外，有些具有從化學、生物武器或放射性物質保護步兵的裝備。這些APC通常只擁有機關槍這種程度的武裝，步兵想要戰鬥只能從艙口探出身子射擊自己的武器，或是從車輛下車。因此，它只有將步兵運送到戰場的能力，因而被評為「**戰場計程車**」。

APC的代表性款式有美國的M113（軌式）、自衛隊的73式裝甲車（軌式）、96式輪式裝甲車（輪式）等。

戰車的搭檔

不久隨著戰車能力進化，APC能力提升的必要性也產生了。這時也重新研究APC的概念。此時**步兵戰鬥車**（ICV：Infantry Combat Vehicle）登場了。

ICV的特色如下：

- **攻擊力**：搭載口徑20～35mm級機關砲，能擊破敵軍的ICV。搭載反戰車飛彈對抗強大的戰車。乘車的步兵可以只從射擊孔（射孔）露出槍攻擊車外的敵人。但是也有重視防禦力，廢除射擊孔的ICV。
- **防禦力**：雖然裝甲比戰車還要貧弱，但是藉由裝甲雙層化的中空裝甲（Spaced Armor）等擁有更良好的防禦力。輪式ICV的防禦力比較差。
- **機動力**：基本是軌式，可以跟上機動性高的現代戰車。輪式ICV在不平坦的土地上機動力較差。
- **成本**：比APC和裝甲車更昂貴。尤其軌式ICV很難大量採購，也不易製作衍生型。
- **收容兵員減少**：隨著防禦力強化等，內部容量減少，可收容的士兵數量比APC還要少。

代表性的ICV，軌式有美國的M２、俄羅斯的BMP-１～３、自衛隊的89式裝甲車、中國的04式、韓國的K21等；輪式則有中國的09式等。美國的史崔克裝甲車也可說是ICV。

美國的M２在波斯灣戰爭和伊拉克戰爭組成戰車和戰鬥團（任務部隊），合為一體行動證明了ICV的有效性。

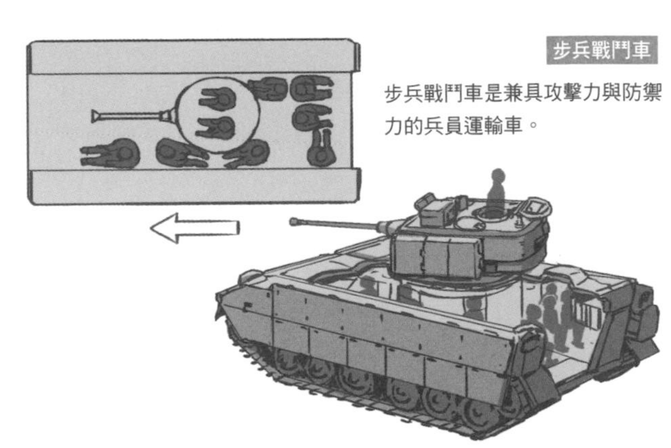

步兵戰鬥車

步兵戰鬥車是兼具攻擊力與防禦力的兵員運輸車。

迷彩

CAMOUFLAGE

- 軍服
- 像素
- 偽裝網

華麗的軍服已成過去

直到19世紀中期，軍服都非常華麗。使用象徵國家與地方的鮮豔藍、紅、綠等顏色，用金銀裝飾軍服與軍帽。然而由於槍械的發展，引人注目的軍服消失，軍服變成卡其、灰、墨綠、土色等暗沉、暗淡的顏色。最後加上多種顏色，或是描繪圖案的**迷彩圖案**布料登場，第二次世界大戰時的德軍開始大規模使用**迷彩服**。尤其被視為菁英的武裝親衛隊（武裝SS）規定迷彩服是標準軍裝，當時也產生了迷彩服＝武裝親衛隊的錯誤印象。第二次世界大戰時，在德國除了武裝親衛隊，在空降部隊和一般部隊也被使用；在英國則是空降部隊所使用。此外，在冬季的東部戰線使用了白雪外衣。

戰後，迷彩服變成**戰鬥服**被廣泛使用。初期的迷彩服點綴大面積的褐、綠、黑的圖案，主要是在叢林或植被豐富的地區使用。在現代，從叢林到沙漠，配合植被、地面與季節準備各式各樣的迷彩服，市區用的迷彩服也登場了。另外，還有覆蓋頭盔或水壺等裝備的迷彩套。

迷彩服除了顏色配合周圍融入環境以外，還被要求讓穿著者的輪廓不清楚，具有形形色色的式樣。最近使用電腦的設計也登場，以複雜像素圖案為基底的迷彩服也登場了。

為了藏身除了穿著迷彩服以外，也會利用偽裝網等將樹木或草木穿在身上，或是穿上縫上許多條狀的布或線垂下的**吉利服**等，不過這種的被稱為**偽裝**。

車輛的偽裝、迷彩

車輛也同樣必須藏身。基本是迷彩塗裝，與周遭環境同樣反射光，減少車輛與地面及植被在光學上的差異。在西歐廣為使用的迷彩是，點綴大面積的褐、綠、黑的圖案，使用不反射光，沒有光澤的塗裝。圖案模仿自然的非劃一性，使用的式樣能弄亂車輛特有的形狀。

在都市配合建築物使用長方形的圖案，顏色也使用白、灰色或淡藍色等明亮的顏色。

最近車輛的迷彩也開始使用**像素圖案**，逐漸開始塗裝經電腦計算過的複雜式樣。

塗料的反射率是配合環境設定，不過像車輛的情況，不只可視光，也必須考慮紅外線。這尤其在戰鬥車輛以植被為背景時非常重要。植被的葉綠素成分能良好地反射近紅外線。假如反射率不配合環境，車輛就會被**圖像改善系統**或**電視監視系統**輕易地探查到。此外**主動式紅外夜視儀**也仍被使用，這也不能忽視。

迷彩塗裝的效果也會受到季節引起的植被變化影響，例如假使積雪就完全派不上用場。要做好準備能從現有的塗裝上，用刷子或噴霧器快速添加全新塗裝。

車輛和火砲用的**偽裝網**也被充分利用。通常偽裝網被用於掩飾靜止的車輛，不過現在也用於移動中的車輛。偽裝網能防止光的反射，改變車輛的形狀接近自然界。偽裝網的顏色也以配合植被的式樣著色。但是對移動的車輛來說偽裝網脆弱容易破掉，有時會被樹枝或草叢勾破正是缺點。

迷彩式樣的例子

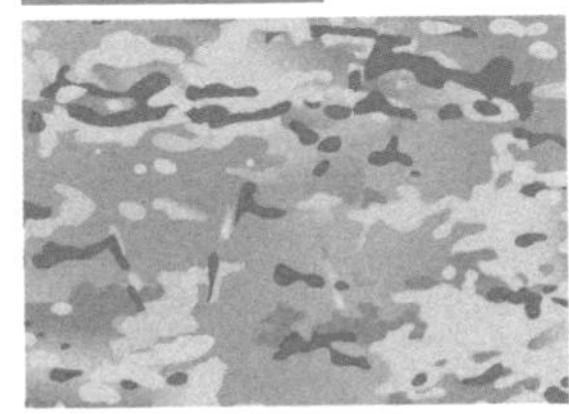

多地形迷彩

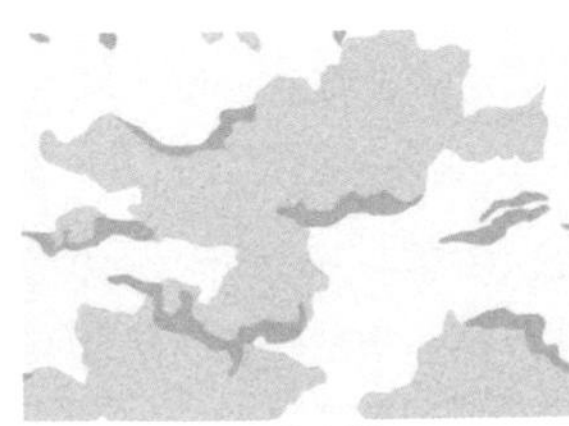

沙漠式樣

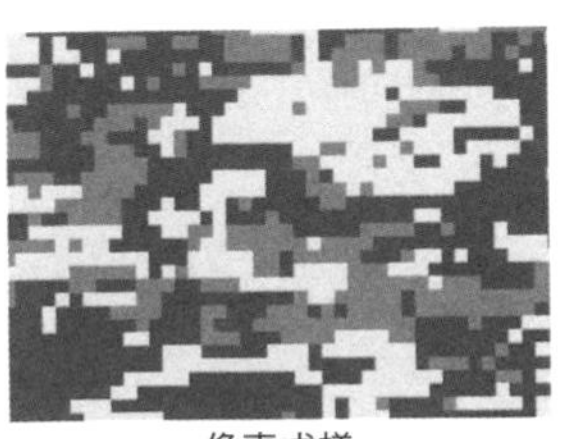

像素式樣

地雷

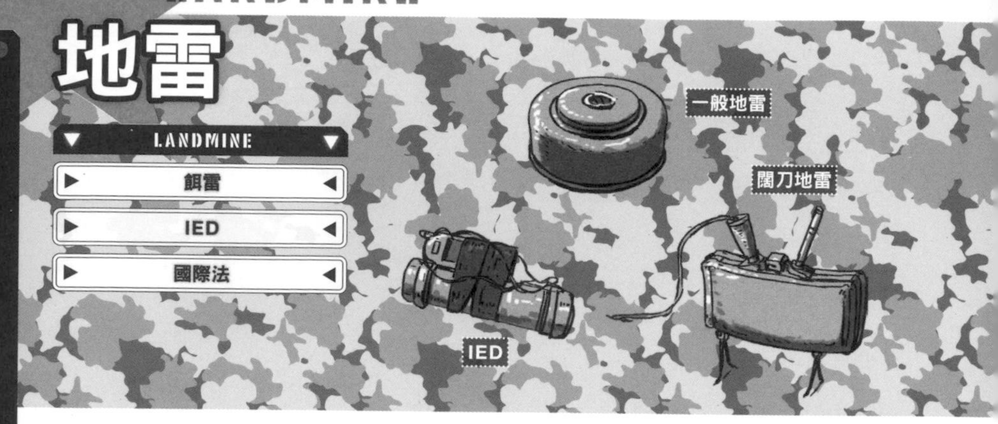

無差別殺人兵器？

所謂**地雷**，是為了防衛據點或為了拖延敵軍前進所使用的兵器，它被埋在地面，設計成在安裝的信管上施加壓力，或是上方有車輛通過磁力變化時就會爆炸。除了壓力、磁力，還有感知聲響或振動爆炸的地雷。雖然設置地雷得花時間，不過除去地雷需要好幾倍的時間，所以被當成效果高的防禦兵器使用。被設置地雷的土地稱為**地雷區**。

地雷大致分成**反戰車地雷**和**反步兵地雷**。反戰車地雷的炸藥量比反步兵地雷還要多，使用的信管即使對車輛等有反應，對人卻沒有反應。反步兵地雷的炸藥較少，但是會散射碎片，比起殺害犧牲者，目的是為了讓人負傷。部隊要是出現負傷者，就需要人手護衛或送至後方，比起有人死亡時更能剝奪兵力。為了對抗藉由磁力探測金屬存在的**地雷探測器**，組成地雷的材料經常使用非金屬材料。此外為了妨礙敵人除去鋪設的地雷，有時會加入不小心移動就會爆炸的裝置。

設置地雷除了靠人力，也能使用專用機器進行。利用航空器或火箭砲等從空中散布的地雷也被開發出來，能在短時間設置大量地雷。

探測設置的地雷，只能靠探測器或手動排雷。除去手段有逐一確認手挖的方法；或是使用附滾筒或推土機的車輛輾壓除去的方法；藉由某種東西引起爆炸引爆地雷的方法等。

餌雷

移動外觀上無害的物品，或是藉由以為安全的行為運作的炸藥等，以殺傷為目的的裝置叫做**餌雷**。例如設置成開門，或是拿起玩具時運作，所以特色是也容易出現平民犧牲者。

闊刀地雷

所謂**闊刀地雷**，是藉由遙控爆炸的指向性炸藥，設置在陣地前面等處。所謂指向性，意思是爆炸的衝擊和碎片往一定方向擴散。因為終究是由人打開引爆裝置的開關，所以和無差別爆炸的地雷特性不同。但是有時和無差別爆炸的地雷一樣用來當成陷阱。

IED（簡易爆炸裝置）

IED（Improvised Explosive Devices）是在炸藥和彈藥（自製炸彈、迫擊砲彈、砲彈、地雷等）安裝引爆裝置的臨時手作裝置。由於設置在道路旁邊鎖定行人或車輛，所以也被稱為**路肩炸彈**。近年成為恐怖分子的攻擊手段受到矚目，在伊拉克瞄準美軍頻繁地使用IED。IED的引爆裝置使用了車庫門開啟器、遙控器鑰匙、手機、無線電話等民生的無線裝置。能預測敵人接近的時機使之爆炸，是非常危險的裝置。

COLUMN　逐漸嚴格限制使用地雷

地雷及餌雷對平民也是可能長期危害的非人道兵器，這種認知逐漸高漲。在1983年生效的《特定常規武器公約》，禁止使用缺乏不活性化功能的地雷、餌雷，紛爭終結後鋪設的國家有義務盡速除去地雷。

此外在1999年生效的《關於殺傷性地雷的使用、儲存、生產和轉讓的禁止及銷毀公約》全面禁止殺傷性地雷。然而美國、俄羅斯、中國並未加入這項條約，也許殺傷性地雷暫時不會從世上消失。

COLUMN

反戰車砲彈的構造

反戰車砲彈主要使用的3種砲彈設計如下所示：

★ APDS（脫殼穿甲彈）

APDS（脫殼穿甲彈）是由堅固的金屬製彈頭包覆筒（砲彈筒），在發射之後脫殼。發射時全口徑承受壓力，但是砲彈筒脫落後空氣阻力會減少，因此能給予砲彈強大動能。

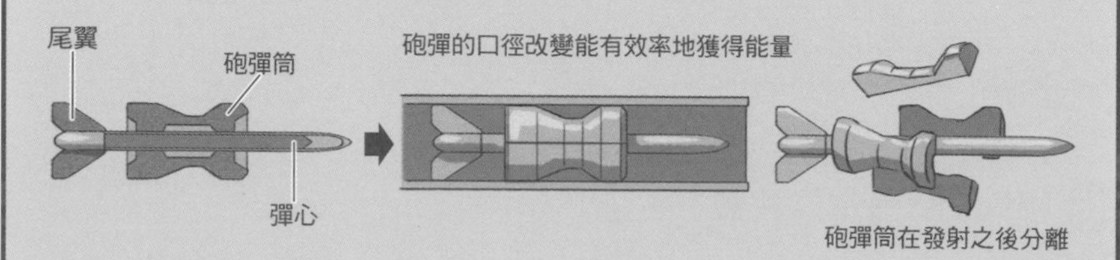

★ HESH（黏著榴彈）

HESH即使命中也不會立刻爆炸。它會擠破黏在裝甲面再爆炸，藉由爆炸引起的衝擊波破壞戰車內部。

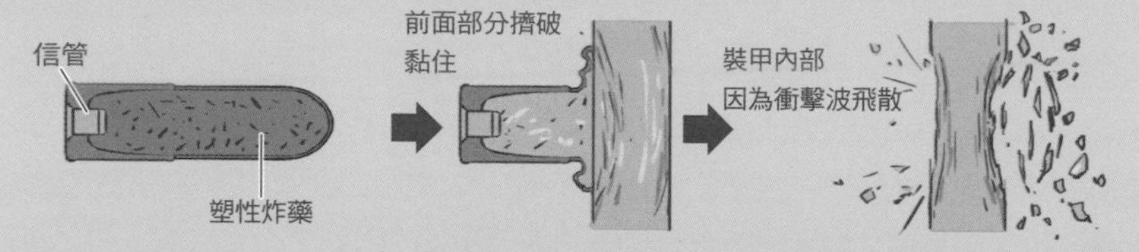

★ HEAT（反戰車高爆彈）

HEAT是將炸藥壓制成圓錐狀的砲彈，命中目標爆炸後，產生高溫高壓的金屬噴射氣流，在裝甲上開洞。雖然洞很小，卻能貫穿厚重的裝甲。

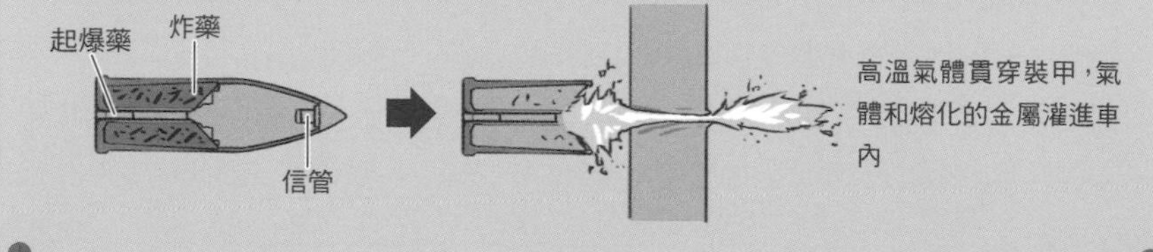

MILITARY ENCYCLOPEDIA

第4章

海戰

海軍
艦隊
航空母艦
「準航空母艦」
艦載機
航空母艦的戰鬥
水上戰鬥艦
反艦飛彈
魚雷
潛水艦
潛水艦的航行
反潛作戰
神盾系統
海戰
軍艦的構造
登陸作戰
陸戰隊
登陸用艦艇
水雷
次世代軍艦

海軍

從確保海上交通線到統合作戰

海軍的主要任務是，從敵對勢力保護自國需要的海域。自古以來，運輸物資大部分是由船舶擔負。每日運送物資的商船和油船的航路稱為**海上交通線**（海上通商路），而保護海上交通線正是海軍的任務。這並非易事。船艦不能一直停留在海洋的一定海域。搭乘人員會疲勞，船艦也需要定期的整備、維修。像陸軍在一定地區彼此對峙的狀況非常少見。

因此如果遭遇威脅海上交通線的敵人，當場立即挑戰的思想傳開了。實際上英國海軍高喊「**見敵必戰**」的口號。這乍看之下，擊滅敵軍艦隊看起來是目的，不過本質正是防衛海上交通線。

在第一次、第二次世界大戰，面對英國海軍質量皆處於劣勢的德國海軍，放棄從正面挑戰艦隊決戰，選擇使用稱為**U型潛艇**的潛水艦攻擊海上交通線。英國的戰略物資仰賴海上交通線，海上交通線的攻防正是掌握了英國的命運。英國海軍堅守到底，在戰爭取得勝利。

另一方面，第二次世界大戰時的日本從東南亞運送石油等戰略物資到日本本土，由於確保海上交通線失敗，2,500多艘船舶被美軍的潛水艦或飛機擊沉。結果不只兵器的生產，連發動船艦或飛機都沒辦法，因而迎接敗戰。

戰後，日本海軍和德國海軍消滅後，美英兩國海軍的任務變成保障自由航行全球海洋的權利。在全球海洋活動的艦隊叫做**遠洋艦隊**，在冷戰下前蘇聯著手建設遠洋艦隊，企圖威脅西歐各國的海上交通線。不過建設足以對抗美英海軍的一支海軍對前蘇聯來說負擔太重，最後前蘇聯在經濟上窮途末路迎向崩壞。

冷戰終結後，遠洋暫時沒有威脅海上交通線的勢力，但是大陸沿岸海域的威脅受到擔憂。海盜出沒或重要海峽被封鎖的危機應變等，感覺海軍的活動範圍縮小成沿海地區。在伊拉克戰爭美國的沿岸警備隊出動也是這種象徵，美國海軍為了沿岸的行動開發的**濱海戰鬥艦**（LCS）也進行配備。不過隨著中國海軍的擴張，被迫改變方針。

聯合作戰的推手

另一方面，海軍還有運送陸上戰力，或是在沿岸支援作戰的陸上部隊的任務。尤其在阿富汗戰爭，周遭沒有基地的美軍，將戰力投入阿富汗時，大大地依賴海軍的航空母艦和陸戰隊。美國在沒有基地的地區也能投入美國海軍和陸戰隊的戰力。只要遠洋沒有對抗美國海軍的勢力出現，這種價值大概不會減少吧？

圍繞海上交通線的戰爭再起？

現在只有美國海軍可謂遠洋艦隊。要讓艦隊在遠洋行動，雖然軍艦的能力也很重要，但是也需要規模。一般而言，平時海軍持有的軍艦只有3分之1可以作戰。其他不是正在整備，就是在進行訓練。換言之派遣艦隊至遠洋，必須擁有2、3倍的船艦。另外，海上也需要支援艦用來補給船艦。擁有遠洋艦隊在經濟上，或技術上的門檻很高。

現在，在西太平洋因為島嶼領有權和經濟海域的問題，中國和周邊國家的主張對立。中國海軍在經濟成長的背景下持續擴張，甚至開始航空母艦的驗證測試。假使將來中國海軍著手建設遠洋艦隊，從西太平洋到東南亞的海域緊張關係會加劇。這些海域的紛爭，圍繞海上交通線的衝突可能再次發生的虛構小說和軍事書已經出現不少，成為全新的創作主題。

艦隊

船艦聚集就是艦隊？

軍隊運用的船隻稱為**軍艦**或僅稱為**艦**。並且，複數船艦一起行動時，這個船艦集團就稱為**艦隊**。不過，包含複數艦隊，更大的海軍組織也稱為艦隊。例如現在美軍的「第7艦隊」，是統率從東太平洋到印度洋展開的美國海軍的組織，將數支艦隊置於指揮下。因此在美國海軍，實際共同行動的軍艦群稱為任務部隊（TF：Task Force）。在自衛隊則稱為**護衛隊**、**護衛隊群**。因為船艦的速度各不相同，所以不會讓有差距的船艦組成艦隊。另外，原則上在水中行動的潛水艦是單獨行動。

艦隊依照任務包含各種船艦。如**航空母艦**（航母）這種運用飛機的船艦；如**神盾艦**這種保護艦隊免於飛機或飛彈攻擊的船艦；搜索潛水艦並且擊沉的船艦；運送燃料和補給物資的船艦等，分工合作提高艦隊的能力。艦隊根據任務，組成圓圈隊形等各種隊形。

如美國以航母為主的任務部隊，是以1艘航母、2艘巡洋艦、4～6艘驅逐艦、2艘艦隊補給艦所組成，1～2艘攻擊型核潛艦在海中護衛。以航母為主的任務部隊稱為**航母戰鬥群**。

艦隊司令官由海軍少將或海軍中將擔任，通常擔任艦長的軍階，航母和巡洋艦等大型艦是上校、驅逐艦和巡防艦是中校、護衛艦和飛彈快艇等小型艦則是少校或上尉。

軍艦的種類

軍艦大致分成航空母艦、巡洋艦、驅逐艦、巡防艦等水上戰鬥艦、潛水艦、登陸用艦艇等，有功能、構造相異的各種艦種存在。

推進發動機採用原子能時，艦種會加上「核」字，稱為「**核動力航空母艦**」、「**核潛艦**」等。如果主要裝備是攻擊用或防禦用飛彈的船艦，艦種會加上「飛彈」的字眼，稱為「**飛彈驅逐艦**」、「**飛彈潛艦**」等。

分類	艦種	略碼	解說
航空母艦	（一般型）航母	CV	讓一般型的固定翼機從航空母艦起飛、降落的船艦。
	V/STOL航母	CVV	讓V/STOL機從航空母艦起飛、降落的船艦。
巡洋艦	飛彈巡洋艦	CG	具備良好的指揮通信功能，適合在外洋航海的5,000～27,000噸的大型戰鬥艦。
驅逐艦	驅逐艦	DD	在數量上成為艦隊核心的5,000～10,000噸的通用艦。
		DDH	運用複數的直升機，主要進行反潛作戰的船艦。
	巡防艦	FF	比驅逐艦小型的1,500～5,000噸的船艦。
	護衛艦	FFL	主要在沿岸行動的1,000～1,500噸的船艦。
潛水艦	彈道飛彈潛艦	SSB	配備戰略導彈的潛水艦。
	飛彈潛艦	SSG	配備戰略導彈的潛水艦。
	攻擊潛艦	SS	攻擊敵方船艦的潛水艦。
登陸用艦艇	兩棲突擊艦	LPH	能經由直升機讓士兵登陸的大型突擊艦。有時同時具備船塢。
	船塢登陸艦	LPD	具備船塢，出動小型登陸艦和氣墊船讓士兵和車輛登陸。
	船塢運輸艦	LSD	雖然類似LPD，但是設計目的主要是讓車輛登陸。
	突擊艦	LST,LSM,LCU	開上海岸，開啟艦首的艙門讓人員、機材登陸。
小型艦艇	飛彈快艇	PTG	以飛彈為主要武器的小型高速快艇。
	巡邏艇	PS,PG,PC	目的是巡邏的輕武裝船艦。
水雷戰艦艇	佈雷艦	MM	鋪設水雷的船艦。
	掃雷艇	MHS	除去水雷的船艦。
支援艦艇	供油艦	AO	在海上補給燃料的船艦。
	補給艦	AOR	在海上補給燃料、彈藥、食物等物資的船艦。

航空母艦

移動的航空基地

航空母艦大多簡稱為**航母**，正如字面意思，它是飛機的母艦，是能讓飛機起飛、降落，在艦上讓飛機進行整備、補給、修理的船艦。雖然也有運用方式和外型類似的船艦，但是只有與陸上攻擊機同等性能的固定翼機能從艦上起飛、降落的船艦才稱為航母（或是**正規航母**）。

因此航母非常寬闊，擁有平坦的**飛行甲板**作為滑行空間。飛行甲板下方是機庫，藉由大型電梯讓飛機出入。電梯設置在舷側，避免使用時妨礙飛行甲板的作業。

航母作為軍艦擁有最大的船體，不過要讓固定翼機從艦上起飛，必須裝備**飛機彈射器**，利用蒸氣壓力給予飛機動能。俄羅斯的航母庫茲涅索夫海軍上將號沒有飛機彈射器，而是使用跳台讓飛機起飛，但也因此限制了飛機的重量。

對航母而言最重要的一點在於，如何有效率且安全地在有限的飛行甲板上

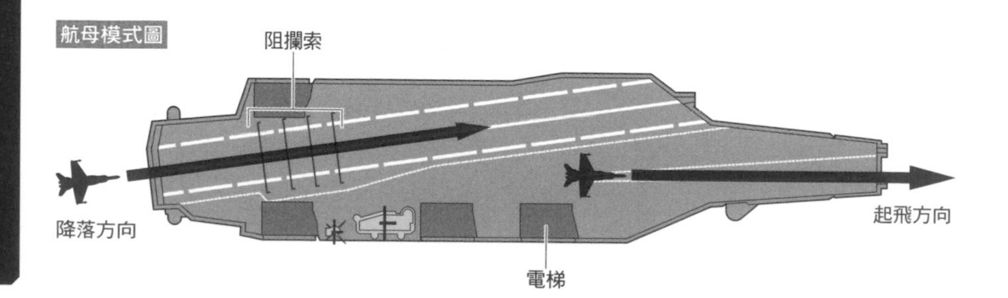

起飛降落。因此現代的航母，相對於艏艉中心線有10度左右的角度，設有降落用的**斜角飛行甲板**（Angled flight deck），讓起飛和降落分離，可以同時進行。另外也減少了降落時的重大事故。

航母的價值

航母沒有固有的攻擊兵器與防禦兵器。不只戰鬥，配備許多搭載雷達，能完成預警等任務的各種艦載機，在全球海洋移動的航母是具備機動力的**航空基地**。依照狀況艦載機能搭載各種武器，搭載的艦載機也能按照情況變更。航母能迅速地進入鄰近紛爭地區的海域，投入戰力。美國參與的戰爭航母幾乎都發揮了重要的作用。在伊拉克戰爭和阿富汗戰爭時，雖然科威特以外的中東各國不讓美軍使用自國的基地，不過即使這種情況，在公海航行的航母仍能一如往常地作戰。全球的主要都市、工業地帶有60%以上位於離沿海地區數百公里的距離，從航母皆能攻擊這些地方。

美國擁有的新型巨大航母，傑拉德・R・福特號的建造費為120億美元，這相當於自衛隊整體的裝備品採購費的2年份。而且需要超過5,000名的搭乘人員，一般國家的海軍連這些人數都湊不齊吧？

擁有且運用並非V/STOL航母或兩棲突擊艦的純粹航母的國家，現在不過5國，此外中國正在進行測試。表格刊出了主要的航母。

艦名	國籍	滿載排水量	搭載機／解說
傑拉德・R・福特號	美國	101,600噸	48架戰鬥攻擊機等。核動力。
尼米茲號	美國	97,000～102,000噸	48架戰鬥攻擊機等。10艘同型艦。核動力。
庫茲涅索夫海軍上將號	俄羅斯	54,000噸	20架戰鬥攻擊機等。無飛機彈射器。
夏爾・戴高樂號	法國	38,000噸	12架戰鬥機、20架攻擊機等。核動力。
伊麗莎白女王號	英國	65,000噸	40架戰鬥攻擊機等。綜合全電力推進系統。
超日王號	印度	45,000噸	21架戰鬥機等。前俄羅斯航母。
遼寧號	中國	59,100噸	前俄羅斯航母。測試中。

「準航空母艦」

雖然不如航母卻在全世界大顯身手

除了運用固定翼機的航母，也有擁有飛行甲板，運用航空器的船艦存在。這些船艦是能力有限的航母，稱為「**準航空母艦**」。比起航母，雖然有無法運用預警機等限制，卻完全活用有限的航空器運用能力，進行登陸支援等。

V/STOL航母

沒有飛機彈射器，運用V/STOL機的船艦稱為**V/STOL航母**。V/STOL機是垂直／短距起降機的簡稱，指不只能短距離起飛，也能像直升機一般垂直降落的飛機。V/STOL機也能垂直起飛，進行垂直起飛必須減少裝備的重量，並且大量消耗燃料。因此，一般的運用法是起飛時不進行短距離滑行，降落時進行垂直降落。

V/STOL航母的艦首設置了稱為**滑雪跳台**的跳台，能讓起飛的V/STOL機朝斜上從艦上起飛。

V/STOL航母的始祖是英國的無敵級航空母艦。只能運用比固定翼機能力低的V/STOL，雖然也有人質疑船體小的無敵級航空母艦（滿載排水量16,670噸）作為「航母」是否有效，不過該艦和小型航母競技神號一起在福克蘭群島紛爭（1982）出擊，兩艦運用28架V/STOL機獵鷹式，成為英軍奪回福克蘭群島的重要角色。之後，各國開始建造、運用V/STOL航母。各國的V/STOL航母有些具有登陸艦的能力。任何國家都很難持有大量大型艦，最近的傾向是1艘作多用途使用。

兩棲突擊艦

兩棲突擊艦是從飛行甲板讓直升機起飛，讓士兵迅速登陸的船艦，能利用飛行甲板運用V/STOL機。沒有滑雪跳台。擁有這種大型兩棲突擊艦的國家只有美國。

直升機航母

直升機航母是只設想運用直升機的航母，**直升機護衛艦**和不運用V/STOL機的兩棲突擊艦被如此稱呼。沒有滑雪跳台。直升機航母依照搭載**反潛直升機**，或是搭載讓士兵登陸的**運輸直升機**，將使船艦的任務大為不同。前者有自衛隊的日向號護衛艦，主要進行**反潛任務**。後者有英國的海洋號，主要進行**登陸作戰**。

各國的主要「準航空母艦」

艦名	國籍	滿載排水量	解說
朱塞佩・加里波第號	義大利	13,000噸	V/STOL航母。
加富爾伯爵級戰艦	義大利	27,100噸	V/STOL航母。具登陸功能。
阿斯圖里亞斯親王號	西班牙	17,180噸	V/STOL航母。
胡安・卡洛斯一世號	西班牙	27,850噸	V/STOL航母。具登陸功能。
查克里・納呂貝特號	泰國	10,000噸	V/STOL航母。
維拉特號	印度	23,900噸	V/STOL航母。
出雲號	日本	26,000噸	直升機航母。同型艦2艘。
日向號	日本	13,500噸	直升機航母。同型艦2艘。
海洋號	英國	21,758噸	直升機航母。賣給巴西。
美國號	美國	45,600噸	兩棲突擊艦。
胡蜂號	美國	40,650噸	兩棲突擊艦。同型艦8艘。
塔拉瓦號	美國	39,967噸	兩棲突擊艦。同型艦4艘。

除了美國，這些「準航空母艦」在各國海軍通常是最頂級的艦艇，不只運用航空器或支援登陸作戰，也用來運輸物資或作為指揮統制艦。此外，在災害救助和人道支援也大顯身手。

艦載機

▼ CARRIER-BASED PLANE ▼

▶ 航母航空團 ◀

▶ F-35 ◀

▶ V/STOL ◀

形形色色的艦載機

航母的**艦載機**如表格除了戰鬥機和攻擊機等進行直接戰鬥的機種，也會選擇預警機或電子戰機等多樣的機種。航母藉由變更艦載機的組合，就能對應各種狀況。參與阿富汗戰爭的航母小鷹號，撤下全部的一般艦載機，改成搭載陸戰隊的直升機執行任務。

在以前的美國電影《捍衛戰士》中，知名戰鬥機F-14雄貓戰鬥機也配備在航母上，不過如今全數退役，由F/A-18C/D大黃蜂及F/A-18E/F超級大黃蜂戰鬥攻擊機，完成戰鬥機和攻擊機兩方的任務。此外電子戰和空中供油也由超級大黃蜂系列的機體進行，因此美國航母上的艦載機逐漸統一成同系列的機體。

航母配備的飛機部隊在美國稱為**航母航空團**。最近的航母航空團由48架戰鬥攻擊機、4架預警機、4～6架電子戰機、2架運輸機、7～15架直升機所構成。

在美國現在名叫**聯合打擊戰鬥機**（JSF）的F-35閃電Ⅱ式戰機，空軍機的A型、STOVL（短距離起飛垂直降落）機的B型已經配備，艦載機C型正在開發中。B型作為獵鷹式的後繼機配備在V/STOL航母，C型則計畫作為F/A-18的後繼機配備在一般的航母。

此外，無人艦載機也在進行開發。**無人戰鬥攻擊機**X-47B可以連續飛行50～100小時，進行偵察及攻擊，也能裝備空對空飛彈。在航母上也正在進

艦載機的種類

機種	解說
戰鬥機	進行制空、偵察任務。F-14（美）、Su-27K（俄）、飆風戰鬥機（法）等。
攻擊機	使用炸彈或對地飛彈進行對地、對艦攻擊。超級軍旗攻擊機（法）、AV-8B獵鷹式II式攻擊機（美）等。
戰鬥攻擊機	完成戰鬥機與攻擊機兩方的任務。F/A-18（美）等。
電子戰機	干擾敵軍的雷達。EA-18G（美）等。
預警機	進入航母前方，使用搭載的雷達搜索敵人。E-2C（美）等。
運輸機	運輸各種物資。
反潛直升機	探測並攻擊潛水艦。
救難直升機	發生事故時，救出在海上迫降的搭乘人員。

行測試。

艦載機需要特殊裝備

為了能在空間有限的飛行甲板與機庫運用，在艦載機方面下了各種工夫。如果是由最初就作為艦載機而開發的機種，那麼從設計階段就會被納入了相關考量；若想將原先是為陸上基地運用而設計的機種來作為艦載機，則有必要進行改造。

為了盡量讓更多機體收容在有限的艦內空間，艦載機的主翼和尾翼折疊，或是能改變方向，擁有獨特的構造。

從艦上起飛時會用飛機彈射器強制射出機體，而承受強大力量的前腳必須強化。更大的不同是，安裝在機體後面的**著艦鉤**。在航母的甲板拉了阻攔索（攔阻索），降落時把它勾在著艦鉤，就能以較短滑行距離靜止。阻攔索調整張力，能讓著艦機適當地減速。拉好幾條阻攔索，提高勾住的可能性。雖然降落是藉由各種導引系統進行，卻需要高度技能。降落在航母上時，航母遠遠地看起來很小，然後會逐漸變大，注意到時已經降落了，這就像「在浮在水面的郵票上著陸」。

雖然對於V/STOL機（垂直／短距起降機）沒有著艦鉤等裝備，卻能改變排氣方向讓引擎的推力朝向機體下方。因為船艦也不需特殊設備，因此作為小型航母和登陸艦的艦載機大顯身手。

航空母艦的戰鬥

進行慘烈航母戰的太平洋戰爭

歷史上航母交戰，只有第二次世界大戰時日本和美英的航母展開的戰鬥。尤其日本和美國兩國的航母部隊以寬廣的太平洋為舞台多次展開了航母的戰鬥。從戰爭的教訓揭露了一點，就是在航母的戰鬥中，迅速且正確地得知敵人的位置，並且**先發制人**十分重要。

航母的戰鬥	解說
珍珠港事變（1941）	日軍的6艘航母空襲夏威夷群島的美軍基地。對停泊的戰艦群造成重大損害。
印度洋空襲（1942）	日軍的5艘航母進入印度洋。擊沉1艘英軍航母。
珊瑚海海戰（1942）	日美航母部隊在鄰近澳洲的珊瑚海首度交戰，雙方分別損失1艘航母。
中途島海戰（1942）	日美航母部隊為了中途島交戰，日軍損失4艘航母，美軍損失1艘航母。
東所羅門海戰（1942）	日美航母部隊在為了瓜達爾卡納爾島的戰鬥中交戰，日軍損失1艘航母。
聖克魯斯群島戰役（1942）	日美航母部隊在所羅門群島近海交戰，美軍損失1艘航母。
菲律賓海海戰（1944）	日美航母部隊在馬里亞納群島近海交戰，日軍損失3艘航母和大部分的艦載機，航母部隊實質上毀滅。
恩加尼奧角海戰（1944）	為了支援到雷伊泰灣出擊的友方戰艦部隊，幾乎沒有艦載機的日軍航母出動擔任佯攻部隊，結果損失4艘航母。

在知名的中途島海戰，日軍費了一些時間才得知美軍航母的存在，使得美軍先發制人。結果日軍大敗，失去戰爭的主導權。在表格舉出了太平洋戰爭中航母的主要戰鬥。

戰後航母的戰鬥

雖然戰後沒有發生航母的戰鬥，不過正如表格揭示，航母在所有地區出動。航母作為移動基地，是在海外投入戰力的手段，可知具有非常高的戰略價值。今後即使開發出對抗航母的手段，作為戰力的輸送手段，航母的價值仍然不會大幅減少。

戰後航母的戰鬥大部分是，航母從安全的近海攻擊地上的敵對勢力。福克蘭群島紛爭是唯一一次航母部隊暴露於攻擊之下。阿根廷軍機使用飛魚反艦飛彈，兩度攻擊擁有無敵級航空母艦和競技神號這2艘的英國艦隊。發射的飛魚反艦飛彈命中驅逐艦和運輸船，雖然順利擊沉，卻無法對航母造成損害。

戰爭	航母的主要作戰
韓戰（1950～1953）	支援地上部隊。一部分艦載機進行了空戰。
蘇伊士運河危機（1956）	支援英法入侵蘇伊士運河。
古巴飛彈危機（1962）	出動海上封鎖古巴。
越南戰爭（1954～1975）	支援地上部隊。
伊朗人質救出作戰（1980）	成為特種部隊的出擊基地。
蘇爾特灣事件（1981）	在利比亞近海與利比亞軍機交戰並擊墜。
福克蘭群島紛爭（1982）	英國的航母部隊與阿根廷軍機交戰。
黎巴嫩內戰（1982）	作為聯合國維持和平行動的一環出動。
入侵格瑞那達（1983）	支援登陸進攻作戰。
入侵巴拿馬（1989）	支援登陸進攻作戰。
波斯灣戰爭（1990～1991）	支援地上部隊。
阿富汗戰爭（2001～）	支援地上部隊。
利比亞內戰（2011）	支援利比亞的反格達費勢力。
敘利亞內戰（2011～）	俄羅斯航母支援敘利亞政府軍。

水上戰鬥艦

▼ SURFACE COMBATANT ▼

▶ 技術 ◀

▶ 船艦 ◀

▶ 構造 ◀

搭載各種兵器的移動要塞

支援艦艇以外的，在水上行動的軍艦稱為**水上戰鬥艦**。在此除了只配備少數固有武裝的航母和登陸艦，將說明裝備固有攻擊、防禦兵器的船艦。

將水上戰鬥艦大致分成兩種，可分成在遠洋活動的船艦，和在沿岸活動的船艦。在遠洋活動的船艦是具備強大推進力的大型艦，指**巡洋艦**、**驅逐艦**、**巡防艦**等船艦。這些船艦獲得補給艦的支援，在遠離本國港口的海域也能活動，不只水上戰鬥、防空任務、反潛任務，也進行海上交通線防衛、取締恐怖分子或海盜等任務。

在現代由於巡弋飛彈登場，水上戰鬥艦變成能夠攻擊內陸深處的目標。美軍的最新型戰斧巡弋飛彈擁有3,000km射程，連航母艦載機無法到達的目標都能攻擊。

另外，為了在遠洋進行艦隊防空所開發的**神盾艦**，藉由對空飛彈的能力提升，逐漸具備在海上擊破彈道飛彈的能力，這成為水上戰鬥艦的新任務而受到矚目。

通常中小國家沒必要擁有在遠洋活動的水上戰鬥艦，或是因為財政原因只擁有在沿岸活動的小型艦。因為若能警備自國的近海和沿岸就已經足夠，所以持有警備用的**護衛艦**和**巡邏艇**，與攻擊用的**飛彈快艇**等。

水上戰鬥艦的構造

現代的水上戰鬥艦遠比以前輕量，船體變得細長，速度也提升了。沒有以前戰艦的那種裝甲，電焊鋼材，只考慮構造上的防禦。砌塊工法被大規模採用，最近的船艦考量隱密性，為了不易反射雷達波在側面加上傾斜。

軍艦的大小以**排水量**來表示。這是船艦浮在水上時溢出的水的重量，通常以成套裝備和燃料等都搭載的滿載排水量來表示。雖然也會使用標準排水量，不過這是不含燃料和預備鍋爐水的數值。

艦橋只具備操艦功能，是艦內的CIC（中央情報中心），負責指揮、管制戰鬥。如果有搭載直升機，在浪不會沖上來的船尾會設置飛行甲板，前面設置機庫。

桅杆上等船艦的高處被警戒雷達、水上雷達、各種兵器的導引雷達、射擊指揮裝置、電子戰用天線、用於近距防禦的CIWS、干擾發射器等覆蓋。

在現代甲板上幾乎沒有火砲或機槍，只會看到一些飛彈發射機或魚雷發射管。也不再搭載大口徑艦砲，以前輕巡洋艦的主砲5英吋艦砲變成最頂級的主砲。火砲完成自動化，裝填機構也變得非常小巧。

反潛、反艦、對空飛彈等導向武器的發射機配置在前後甲板和艦橋附近。近年來，兼作彈藥庫和發射機的**VLS**（垂直發射系統）變得普及，由於開始重視隱密性，從外觀一看就知的武器有減少的傾向。

為了提高穩定性，艦底通常裝備鰭板穩定器，球狀的艦首內，和艦首部下方裝備探測潛水艦用的聲納。此外，動力機關變成經常採用小巧的燃氣渦輪。

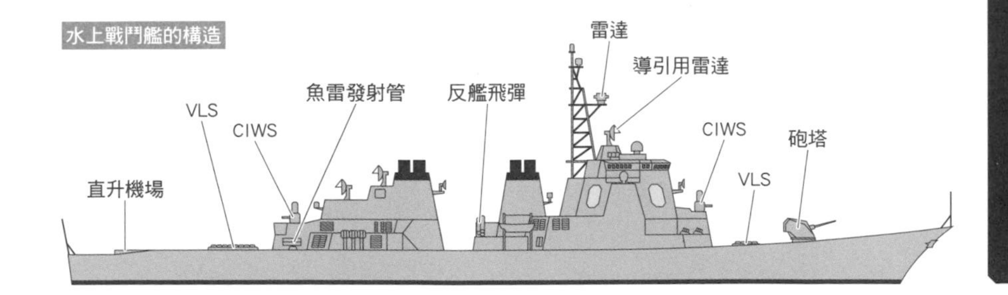

反艦飛彈

ANTISHIP MISSILE

- 弗里茨X
- 彈道飛行
- 掠波飛行

正確擊破水平線彼方的目標

現代水上戰鬥的主角是**反艦飛彈**。第二次世界大戰時的1943年，從德國空軍的轟炸機投下的導引炸彈弗里茨X，一擊炸沉了脫離軸心國的義大利的戰艦羅馬號。弗里茨X是無線導引的滑翔炸彈，它成了反艦飛彈的始祖。從此以後，導引彈對水上戰鬥艦而言變成嚴重的威脅。

戰後，蘇聯熱切地開發反艦飛彈。蘇聯為了對抗美國強大的航母部隊，需要取代飛機的兵器。1967年，以色列的驅逐艦埃拉特號被埃及的飛彈快艇所發射的蘇聯製反艦飛彈擊沉。這起事件使全世界海軍受到強烈衝擊，之後各國對於反艦飛彈的裝備和對策分出極大力量。其中有些國家的海軍因為大型艦只會變成標的，因而廢除了大型艦艇。

初期的反艦飛彈是藉由目視或雷達波，由發射方的艦艇或飛機導引，不過後來自動探測目標的自動導向技術進化，具備「**射後不理**（fire and forget）」的能力，發射後不需要外部的輔助。

最新的反艦飛彈只被給予方位情報，藉由慣性導引或GPS導引發射。發射的方位也能根據藉由電波探測或遠距離的聲納情報來決定，也可以根據推測決定。發射的飛彈會暫時以慣性飛行。舊型的飛彈之中有些還能接受友方飛機等的中間導引。飛彈飛行一定程度之後追蹤導引系統（探測裝置）會啟動，照射雷達波開始尋找目標，然後衝向反射最大雷達波的目標，這稱為**終**

端主動雷達導引。

另外，也有不發出雷達波的被動式飛彈。例如偵測追蹤目標放射的紅外線，或警戒雷達等放射的電波，或是透過內藏的電視攝像機（CCD）觀看光學圖像或紅外線圖像，由操作員鎖定目標的飛彈。

反艦飛彈的飛行方式

反艦飛彈進行**彈道飛行**或**巡航飛行**。彈道飛行是飛彈從發射平台朝向目標畫弧，雖然容易被雷達探測，但是會高速下降難以迎擊。

巡航飛行是幾乎維持一定高度飛行，幾乎接觸海面飛行則稱為**掠波飛行**。這種飛彈速度不快，但由於低空接近，所以特色是難以探測。

表格中舉出代表性的反艦飛彈的例子。

國籍	名稱	射程（km）	高度	彈頭（kg）
法國	SM39飛魚反艦飛彈	50	超低空	165
義大利、法國	特塞奧反艦飛彈	150	超低空	210
中國	YJ-83（C802）	48	超低空	150
美國	IC型魚叉反艦飛彈	128	超低空	227
美國	戰斧巡弋飛彈	400	超低空	454
俄羅斯	P700花崗岩反艦飛彈（SS-N-19）	550	高空	750
俄羅斯	P270蚊子飛彈（SS-N-22）	100	超低空	150
日本	90式反艦飛彈	150	超低空	225
日本	93式反艦飛彈	170	超低空	225

反艦飛彈的構造

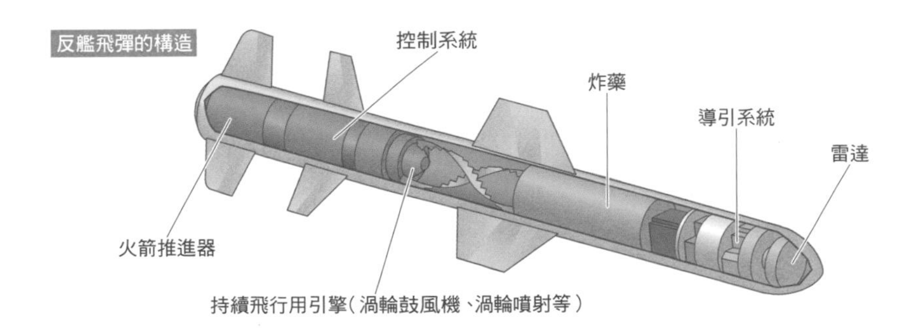

魚雷

TORPEDO

武器

魚型水雷

短魚雷

奔流在水中看不見的死神

魚雷是魚型水雷的簡稱，在水中高速前進，藉由水中爆炸破壞船艦的一擊必殺的武器。在水中發生爆炸後，伴隨著**衝擊波**也會產生稱為**氣泡脈衝**的壓力波，對構造比較脆弱的艦底造成致命的損傷。

1866年首度開發的魚雷是藉由壓縮空氣推動活塞的低速魚雷。第一次世界大戰前，將高壓空氣和燃料爆炸產生的氣體送到汽缸推動活塞的**熱空氣型**魚雷登場後，速度變成30海浬，射程也延伸為大約4km。到了第二次世界大戰時，速度變成45海浬，射程也達到10km。

熱空氣型魚雷的缺點是排氣會產生氣泡，在水面留下航跡。**氧氣魚雷**改良這點，使用氧氣取代空氣。氧氣全都用來燃燒不會排氣，而且燃燒效率佳所以射程延長了。但是很難操作，由於伴隨著氧氣爆炸的危險，所以除了第二次世界大戰時的日本和戰後的前蘇聯與俄羅斯以外並不普及。用電池推動發動機的**電動魚雷**，雖然在第二次世界大戰時登場，儘管不會排氣但弱點是輸出較弱。戰後，以熱空氣型和電動式為主進行開發，熱空氣型採用**閉合循環**不再排氣，電動式也提升電池性能增加輸出。此外，利用稱為**超空泡**的現象，達到200海里的特殊火箭魚雷什克瓦爾也登場了。

魚雷的**信管**有**觸發式**和**磁力反應式**，磁力反應式信管會在艦艇的龍骨（keel）正下方爆炸，對龍骨造成損傷，依照情況能把船艦炸成兩半等，可以造成巨大損傷。

當初魚雷沒有導引系統，而是依賴慣性，不過在第二次世界大戰時開發了朝著敵艦的聲音前進的**音響導向魚雷**。現在藉由有線導引，或是搭載主動／被動聲納，大幅提升了準確度。

潛水艦裝備的魚雷是口徑500～600mm的大型魚雷。潛水艦能搭載的魚雷，美國的維吉尼亞級是38枚，不過由於還有搭載戰斧巡弋飛彈，所以只有搭載20枚魚雷。300～400mm的小型輕量魚雷稱為**短魚雷**，除了在水上艦、飛機搭載作為反潛用，也作為反潛飛彈的彈頭、捕獲者水雷的彈頭使用。

現代代表性的魚雷整理如下表：

名稱	國籍	速度（海浬）	射程（km）	彈頭重量（kg）	推進發動機	導引方式
Mk48 ADCAP	美國	60／40※	27／32※	300	閉合循環	有線＋聲納
Mk50短魚雷	美國	55	20	44.5	閉合循環	聲納
ET80A	俄羅斯	45／35※	11.5／14.4※	272	電動	有線＋聲納
什克瓦爾	俄羅斯	195	10	210	火箭	?

※降低速度就能延長射程。

現代魚雷的構造

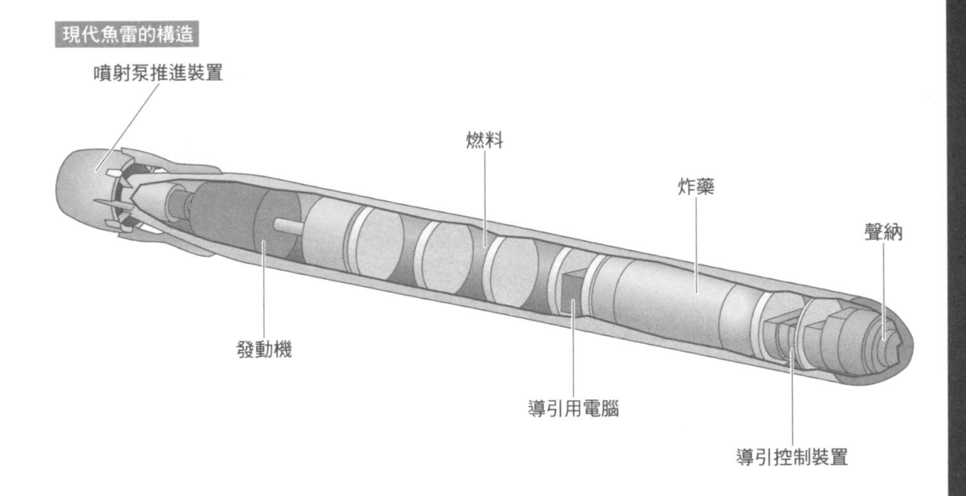

潛水艦

SUBMARINES

- 技術
- 船艦
- 動力

潛水艦的構造與動力

潛水艦是利用壓縮空氣讓海水進出**壓艙水槽**，調節船艦的浮力，可以浮上、潛航的軍艦。為了減少水中阻力整體採用流線型或淚滴型，斷面則是圓形。

多數的潛水艦艦體是內殼與外殼的雙層構造，在內殼與外殼之間設置壓艙水槽，潛航時在水槽注滿水，浮上時利用壓縮空氣從水槽排水獲得浮力。內殼為耐壓構造，也稱為**耐壓殼**。雖然潛水艦能潛航到水下幾公尺並未公開，不過第二次世界大戰當時的潛水艦最深為200公尺，最近的核潛艦據說能深達500公尺。

潛水艦利用正面左右的**潛舵**和後面左右的**橫舵**進行三次元的移動。此外，還能利用姿態控制用的平衡水艙，改變前後的浮力平衡控制姿態。

雖然在**帆罩**有艦橋（bridge），但只有在浮上時使用，潛航時不會有人在。

能得知外部情況的**聲納**位於艦首，不過其中也有聲納配備在舷側的情形。有些潛水艦艦尾具有收納拖曳式聲納的艙口。

潛水艦的武裝是**魚雷**和**飛彈**。魚雷是從艦首的魚雷發射管藉由壓縮空氣發射後，利用線導直至目標為一般形式。飛彈是從魚雷發射管或VLS藉由壓縮空氣發射，離開水面後再點火。

依照不同動力將潛水艦分類，可分成下列3種：

- **柴油潛艇**：使用電動馬達啟動。淺深度潛航可使用通氣管時，啟動柴油發動機發電。這時也進行蓄電池的充電。潛航至無法使用通氣管的深度時，就使用蓄電池。
- **核潛艦**：藉由原子爐的熱運用蒸氣啟動渦輪獲得動力。由於不需要空氣，所以美國、俄羅斯的潛水艦幾乎都是核潛艦。然而原子爐需要冷卻水，且渦輪的聲音比電動馬達還要大，原子爐對大國以外的海軍來說非常昂貴，也有影響環境與安全性的問題，所以在多數國家採用傳統的柴油發動機。原子力以外的潛水艦稱為一般型潛水艦。
- **絕氣推進潛艦**：雖然使用電動馬達推進和柴油潛艇一樣，不過使用燃料電池取代蓄電池，或是採用史特靈引擎等不必吸收外頭空氣的發動機，是不用為了充電浮上的潛水艦。

在第一次、第二次世界大戰中潛水艦在戰略、戰術兩面變成巨大的威脅。尤其德國致力於配備潛水艦，大量建造中型潛水艦U型潛艇，攻擊橫渡大西洋的聯盟國通商路線，獲得巨大的戰果。美軍潛水艦在太平洋攻擊日本的通商路線，日本的商船團幾乎毀滅。此外日本的多數艦艇也被潛水艦擊沉、擊破。戰後核潛艦登場，以前潛水艦被視為缺點的水中速度和潛航時間大幅度增加，不僅如此，搭載彈道飛彈的戰略核潛艦也出現，成為超大國的核戰略主軸之一。另外不依賴原子力的一般型潛水艦也搭載燃料電池等全新發動機，活用靜音性能主要在近海大顯身手。

潛水艦模式圖

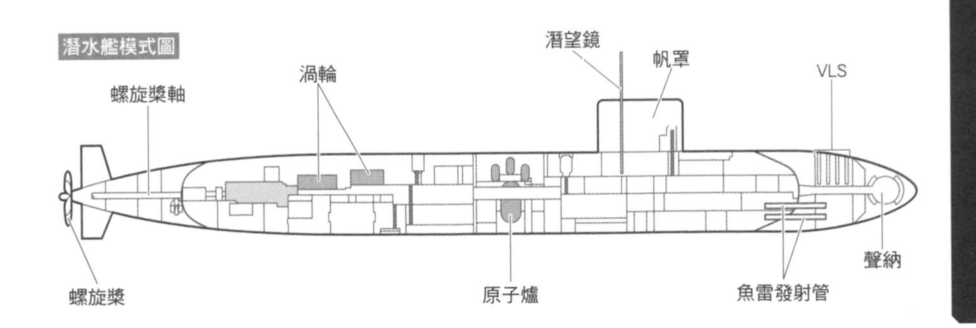

潛水艦的航行

潛水艦如何行動？

尋找潛入海中，不見蹤影的潛水艦非常困難，不過潛水艦也是一旦潛水後，就很難得知外部的情形。

說到潛水艦得知外界情形的方法，首先就是**潛望鏡**。潛望鏡是藉由安裝在上下的棱鏡讓光折射，就能看到水上情況的裝置。裡面有多個鏡片，可以提高倍率或用來瞄準。長時間讓潛望鏡升出水面也會增加被敵人發現的危險，因此升起潛望鏡後瞬間觀察周遭就要再次降下潛望鏡。

潛水艦除了潛望鏡，還有**通信桅杆**、**雷達桅杆**，這些也同樣可以上下移動。潛水艦的船體沉入水中，可以使用這些裝置得知水上的情況，測量目標的方位與距離。

潛水艦潛航至無法使用潛望鏡的深度想探查外部的情況，就得仰賴聲音。潛水艦安裝了大型**聲納**，藉此聆聽水中的聲音。聲納是多種接收裝置的集合體，各個裝置從探測到的敵艦螺旋槳聲音的方向和角度，就能測量敵艦的方向與距離。不發出聲音，只聆聽對方聲音搜索敵人稱為**被動聲納**。需要隱密行動的潛水艦通常只利用被動聲納搜索敵人。

各國軍艦發出的聲音平時會被收集。每種船艦的聲音波形都有特徵，因此如果建立資料庫，光憑聲音就能得知有哪種船艦存在。為了騙過被動聲納，有時會使用振動出假聲音的魚雷**誘餌**（decoy）。

最新的一般型潛水艦非常安靜，因此光憑被動聲納有時無法獲得正確的情報。像這種情況，從聲納震盪產生超音波，藉由碰撞物體反彈的聲音，判斷敵人的方向與距離。以潛水艦為題材的電影中，聲納震盪的超音波碰到潛水艦反響的「鏗－」的聲音便是。自己發出音波，會暴露自己的存在，卻能獲得正確的情報。這種搜索敵人的方法稱為**主動聲納**。現在的主動聲納能發出指向性高的音波，因為發出往一定方向集中的音波，所以不易被該海域中目標以外的船艦探測到。主動聲納發出的音波稱為**探信音**（Ping）。

潛水艦船體裝備的聲納，因為船體擋住會產生死角。因此將拖曳式聲納從船體後面向後方延伸數百公尺。**拖曳式聲納**的優點是沒有死角，不會被艦內的噪音干擾，能獲得高敏感度。此外，海中有時存在著阻礙音波筆直前進的溫度邊界層。海水密度會隨著溫度差異改變，而邊界面會反射音波。拖曳式聲納能跨越它延伸，儘管邊界面存在也能搜索敵人。

要讓潛水艦正確地航行，以前使用時鐘和速度計，不過現代則是使用利用陀螺儀的**慣性導航系統**。另外潛水艦要和其他船艦互相通訊，得讓潛望鏡桅杆凸出海面進行，或是讓安裝天線的**拖曳式霧標**浮出海面通信。雖然也能利用到達深海的極超長波（ELF），不過這種波長的電波能乘載的情報量較少，所以缺點是只能傳送代碼化的簡短命令。至於海中的潛水艦互相通訊時也能使用超音波。

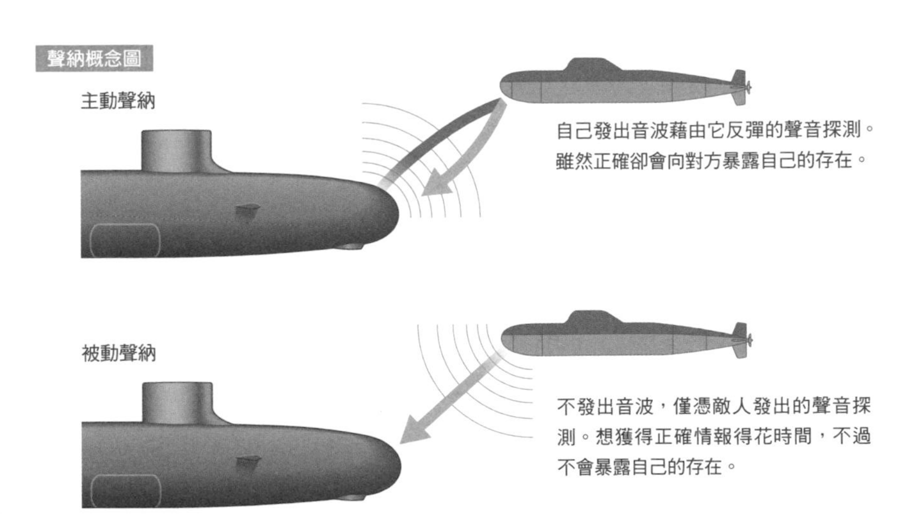

反潛作戰

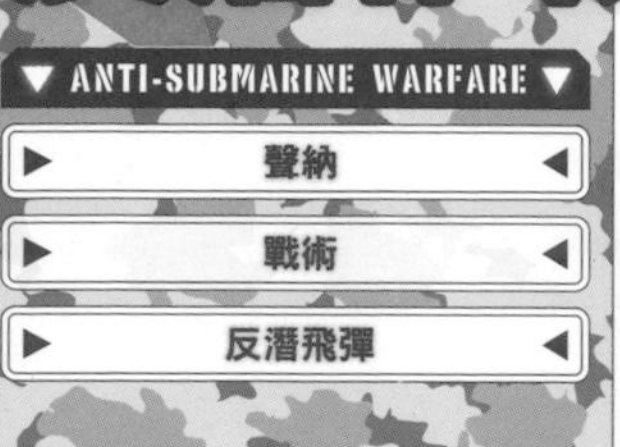

如何探測海中的敵人？

要獵殺潛入海中的潛水艦，首先得探測它的存在，查明正確的位置將是重點。首先聆聽海中聲音的水中聽音器被開發出來，接著利用超音波探測潛水艦的「**聲納**」登場。也能探測潛望鏡這種小型物體的「**釐米波雷達**」開始在哨戒機搭載後，也變得能發現浮上或是讓通氣管和潛望鏡浮出水面的潛水艦。

戰後，核潛艦登場後，潛水艦很少浮上，被發現的機會也減少了。此外潛水艦配備巡弋飛彈後，變得比魚雷能從更遙遠的地方攻擊，必須搜索的海域也顯著擴大。日本周邊被海洋圍繞，經濟、生活基礎依靠海上交通線，因而需要P-3C這種**反潛巡邏機**，海上自衛隊擁有由85架組成的反潛巡邏機部隊。

探測潛水艦的主要手段是聲納，種類如下：

- ✪ **艦裝聲納及拖曳式聲納**：艦艇配備的聲納。艦艇反覆移動和停止進行躍進戰法這種戰術。由於自艦移動的雜音會使聲納的敏感度減少，所以移動到地點後要停止或減速傾聽水中的聲音。
- ✪ **聲納浮標**：從艦艇起飛的反潛直升機在海面投下主動／被動聲納。漂在海面上，搜索周邊的潛水艦。這是拋棄式，電池沒電會自動下沉。在進行大範圍搜索時很有效。

★ **深水聲納**：也稱為吊放聲納。從反潛直升機垂吊使用的主動／被動聲納。在艦隊周邊使用，和艦艇的聲納數據對照能獲得正確的資料。

★ **固定聲納「SOSUS」**：設置在大陸棚和海峽，探測附近的潛水艦。

其他探測手段還有檢測潛水艦船體磁力的「MAD（磁性探測儀）」，不過缺點是探測範圍狹窄。

另外如果對手是彈道飛彈潛艦，從出港時就由攻擊潛艦追蹤等，嘗試置於常時監視態勢之下。

從依靠直覺的水雷到精密導向武器

為了擊破不知道正確位置的潛水艦，以前會投下大量的**水雷**。水雷只是將炸藥塞進盒子裡的簡單武器，可以調整爆炸的深度。水雷從甲板上的欄杆投下，或是藉由投射裝置在船艦周圍投射。也有使用核彈頭的**核水雷**。水雷下沉到指定深度需要時間，而且缺點是爆炸後因為海中的振動暫時無法使用聲納。

第二次世界大戰時開發的**反潛前投式武器**（刺蝟彈）在現代也被使用。小型水雷如撒網般在大範圍大量投射，射程超過300m，信管為觸發式，一顆爆炸後其他水雷也會全數引爆。如果沒有命中就不會爆炸，因此水上艦能持續使用聲納。此外，為了分析潛水艦的移動模式，在適當的深度、範圍投下水雷，應用了作戰計畫研究理論，用數學算出最適合的投下模式。

在現代潛水艦一般是以**短魚雷**或**反潛飛彈**攻擊。短魚雷不只水上艦有配備，飛機和飛彈上也有搭載。

反潛飛彈是從發射的水上艦高速飛行到敵方潛水艦附近後，再讓短魚雷在目標附近著水。有美國的阿斯洛克反潛飛彈和俄羅斯的**拉斯托拉夫**（SS-N-14石英導彈）等，能從遠距離攻擊潛水艦。著水的短魚雷在著水地點周邊一邊進行圓運動或螺旋運動進行搜索，發現目標便開始追蹤。

神盾系統

AEGIS SYSTEM

- 對空飛彈
- 神盾艦
- 彈道飛彈防禦

3階段的對空防禦

從飛機和飛彈防禦船艦的手段，在現代以**對空飛彈**為主。船艦搭載的對空飛彈依照射程可以大致分成三種：

- **長程對空飛彈**：除了護衛的戰鬥機，能在最遠處迎擊的飛彈。由於可以迎擊的範圍很廣，能涵蓋艦隊整體，所以也稱為艦隊防空飛彈。有美國的標準飛彈、英國的海鏢飛彈、俄羅斯的S-300F「堡壘」（SA-N-6「轟鳴」）等，射程從數十到一百數十km。神盾系統是控制這些長程對空飛彈的系統。由於系統太過昂貴，所以只有擔負防空任務的特殊船艦才有裝備。
- **個艦對空飛彈**：大部分船艦裝備的基本對空飛彈，射程從數km到十幾km。有美國的海麻雀飛彈、英國的海狼飛彈、俄國斯的4K33 Osa M防空飛彈（SA-N-4「壁虎」）等。
- **近距對空飛彈**：原本是小型艦艇也能搭載的小型、輕量的對空飛彈，後來也配備在其他艦艇作為近距對空用取代CIWS。有以響尾蛇空對空飛彈為基本的美國的RIM-116RAM、將通古斯卡對空飛彈改造的俄羅斯的SA-N-11等。

為了在最近距離迎擊反艦飛彈，雖然也會使用稱為**CIWS**的發射速度快的機關砲，不過缺點是比起飛彈射程較短，也容易彈藥用完。此外，為了干擾逼近眼前的反艦飛彈，也會投放稱為**干擾箔**的金屬片來反射電波或干擾電波。

從反艦飛彈到彈道飛彈都能迎擊的神盾

冷戰期間，前蘇聯為了對抗美國的海軍軍力，大量裝備了反艦飛彈。企圖同時發射無數的飛彈，突破美軍的防空系統擊破航母。於是是**神盾系統**被開發出來對抗這點。神盾系統具備以下特徵：

- **能處理多個目標**：以前的對空飛彈能攻擊的目標，雖然受限於船艦搭載的導引系統的數量，不過神盾系統藉由統合雷達、發射控制系統、導引系統，變成能夠因應許多反艦飛彈和飛機。對空飛彈經由慣性導引、中間導引發射多枚，接近目標的對空飛彈依序被導引至目標。
- **統合多個兵器系統**：能夠統合控制並指揮各種對空飛彈、反艦飛彈、火砲、CIWS。
- **能夠高速處理**：系統從搜索敵人到識別、攻擊一切都自動化。選擇最有威脅的目標攻擊，判斷它是否無力化，並且再次攻擊，或者判斷選擇其他目標。在分秒必爭的對空戰鬥中能有效發揮作用。

搭載神盾系統的船艦就是**神盾艦**。神盾艦優異的索敵、迎擊能力在**彈道飛彈防禦**也被期待發揮力量。在一部分神盾艦已經配備能迎擊彈道飛彈的標準SM３對空飛彈。

這套系統配備在陸上就是**陸基神盾**。

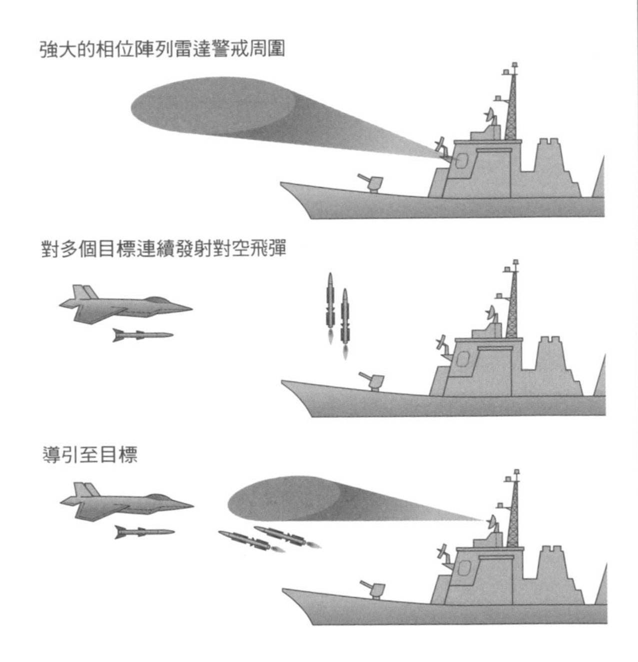

海戰

BATTLE OF SEA

- 戰略
- 立體戰
- 海空戰

從二次元戰變成立體戰

發生**海戰**的狀況各不相同。有的和海上交通線、海域、海岸、基地等有關，有的是敵我艦隊偶然遭遇演變成海戰。

以前說到海戰，是在海面這個二次元進行。然而在第一次世界大戰開始使用潛水艦，並且在第二次世界大戰開始大量使用飛機，海戰變成加上空中和水中在三次元進行。結果海戰轉變成水上艦對陸上、水上艦對潛水艦、水上艦對飛機這樣異兵種之間的戰鬥。海戰的中心變成航母和潛水艦，其他船艦的對空、反潛作戰變成主要任務。

在冷戰下，包含美蘇各國為了預測的未來海戰做準備，傾力整備海軍。但是，擁有龐大海軍的國家之間沒有發生戰爭，不僅如此在大部分的紛爭中，紛爭當事國的一方並未擁有攻擊艦隊的能力。海軍的任務變成非對稱型戰鬥，變成以支援登陸部隊，或是空中轟炸和巡弋飛彈展開的地面攻擊為主。唯一的海戰是阿根廷和英國爭奪島嶼領有權的福克蘭群島紛爭（1982）。

★ 反艦飛彈和潛水艦

自從在第三次中東戰爭（1967），埃及的小型飛彈快艇發射的反艦飛彈將以色列的驅逐艦埃拉特號擊沉以來，各國海軍認清了反艦飛彈的威脅。然而在福克蘭群島紛爭，英國艦隊除了被阿根廷海軍機發射的飛魚反艦飛彈擊沉驅逐艦雪菲爾號和運輸飛機的大西洋運送者號，也遭受空中轟炸失去許多船艦。

此外，在該紛爭中英國的核潛艦擊沉了阿根廷海軍的巡洋艦。阿根廷艦隊完全探測不到英國的潛水艦，之後直到紛爭終結，包含航母艦隊都沒有出擊。

今後海軍的戰鬥

在現代包含美國和日本的舊西歐各國的海軍軍力非常強大，所以艦隊對艦隊的海戰不易發生。海軍的任務是地面攻擊、海上交通線防衛、維持和平行動、與恐怖組織作戰、彈道飛彈防禦等，能在遠方持續投入戰力，正是活用了海軍的特色。

海空戰

號稱最強的美國海軍在冷戰終結後也持續縮編，近年在伊朗和阿富汗也由於戰費和財政困難，情勢不得不嚴格限制預算。

另一方面，明顯成長的中國採用「反介入／區域拒止」（A2／AD）戰略，逐漸提高在西太平洋的軍事存在感。美國為了以較少的戰力對抗中國，藉由海軍和空軍合作，研究提高戰力效率。這個概念稱為**海空戰**（Air-Sea Battle），具體的戰術等正在研究中，可舉出下列例子：

- **空軍協助海軍**：空軍破壞對手的偵察機、偵察衛星，空軍的F-22、F-35攻擊對手的反艦飛彈基地和潛水艦基地，讓海軍容易活動。
- **潛水艦協助空軍**：潛水艦發射巡弋飛彈，破壞對手的防空系統，讓空軍容易活動。
- **神盾艦協助空軍**：藉由神盾艦的彈道飛彈防禦系統，從彈道飛彈防衛空軍基地。
- **共享偵察數據**：包含UAV的空軍偵察機的數據即時與海軍的系統連結。
- **預警系統共享情報**：空軍與海軍的監視機共享數據，空軍機與海軍機共同迎擊。

軍艦的構造

▼ WARSHIP DESIGN ▼
- 技術
- 損害管制
- 電動馬達

船體的形狀與材質

軍艦配合任務的要求，縮減重量與空間進行設計，不過另一方面也被要求即使暴風雨也能行動的強度。軍艦船體細長和商船不同，為了容易承受波浪造成的彎曲船體的力，從艦首到艦尾方向連續配置多層甲板以提高縱向的剛度。另外，艦內分割成許多小區塊，在提高船體強度的同時，即使遭受損害也僅止於較少的區塊中。材質是**高張力鋼**，雖然沒有以前戰艦那樣厚實的裝甲，不過也採用用於防彈衣的克維拉纖維等全新素材。有一段時期，也有船艦使用鋁合金，不過耐火性堪慮，現在並未使用。

現代軍艦的一般形狀變成在側面加上傾斜，讓雷達波不易反射，有些船艦的火砲和飛彈發射機內藏在船體。以前指揮戰鬥的艦橋變成只具備操艦功能，指揮、管制戰鬥的**情報中樞**變成配置在船體內受到保護。

船艦的用途與機構

軍艦的引擎稱為**主機**，搭載適合軍艦大小與用途的種類。雖然現代主流是柴油機與燃氣渦輪，不過有時也搭載蒸氣渦輪、原子能發動機或電動馬達，或是搭載多種發動機。

柴油機是推動活塞獲得動力，缺點是聲音和振動很大，不過由於尺寸小又省油，所以在小型軍艦和潛水艦使用。

燃氣渦輪是壓縮空氣和航空煤油使之燃燒，用獲得的高溫高壓氣體轉動渦輪獲得動力，構造和飛機用噴射引擎相同。因為小型且能獲得高輸出，啟動也不耗費時間，所以從大型艦到小型艦都廣泛使用，但卻會消耗大量燃料。因此，有些船艦同時搭載巡航用省油型的燃氣渦輪和柴油機。

蒸氣渦輪是燃燒重油，利用熱產生高壓蒸氣，再利用蒸氣轉動渦輪獲得動力。原子能發動機除了利用原子爐的熱這點以外，都和蒸氣渦輪相同，雖然製造與運用的成本很高，不過優點是長時間毋須補給燃料。原子能發動機主要是航母和潛水艦所使用。

電動馬達主要用於潛水艦。浮上時和能使用通氣管時發動柴油機，在獲得動力的同時發電，並在蓄電池充電。潛水時則藉由蓄電池啟動電動馬達。在現代，搭載燃料電池和史特靈引擎等絕氣推進引擎的潛水艦也登場了。電動馬達也用於美國的新型兩棲突擊艦「美國號」（電氣、燃氣渦輪複合推進）、破冰艦「新白瀨號」（綜合全電力推進系統）等一部分的水上艦。

推進裝置

藉由引擎產生的力經由**螺旋槳**變成推進力，有些船艦採用能改變葉片方向的**可變螺距螺旋槳**。改變葉片方向後，推進力會隨之改變。螺旋槳軸一邊維持一定的旋轉，一邊調整前進方向，或者依照情況也能向後行駛。

螺旋槳以外的推進裝置，有藉由渦輪泵噴射汲取的水獲得推力的**噴水推進器**。雖然能量轉換效率會變差，卻能高速航行，藉由調整噴嘴能獲得靈敏的運動性，而且聲音安靜，所以被飛彈快艇和潛水艦採用。此外，還有**氣墊船**（air cushion vehicle）。經由螺旋槳葉片吸進的空氣吹到船體下面浮上前進，由於不會承受水的阻力所以高速，整艘船艦能從海中登陸到沙灘，所以被LCAC這種登陸艇採用。雖然水翼也有被小型飛彈快艇等採用的例子，不過在海象惡劣的戰場運用太過脆弱，所以並不普及。

登陸作戰

陸海空的立體作戰

從海上讓兵員和裝備登陸，奪取敵方支配地區的作戰稱為**登陸作戰**，或是**兩棲作戰**。雖然登陸作戰從很久以前便進行過，不過近代最初的登陸作戰是在第一次世界大戰時進行的加里波利登陸戰役。美國在第二次世界大戰在太平洋諸島進行多次登陸作戰，在過程中開發出各種戰術與裝備，確立了技術。

在敵軍嚴陣以待的海岸登陸叫做**敵前登陸**，不過這種情況下，從沒有藏身之處的海上進攻，進攻方有可能遭受巨大的損害。因此登陸作戰中，擬定作戰，以及登陸用艦艇、支援船艦、航空部隊的合作非常重要。

在電影《最長的一日》中1944年6月進行的**諾曼第戰役**是第二次世界大戰中的知名登陸作戰，約4,000艘的大小登陸艦、登陸艇和約2,000艘的運輸船負責運輸17萬6000名兵員和資材，約1,200艘的艦艇負責艦砲射擊和掃雷，此外2,500架轟炸機和7,000架戰鬥機攻擊德軍。

在諾曼第戰役登陸的士兵幾乎都是陸軍士兵，不過現代的登陸作戰，是由專門執行登陸作戰的**陸戰隊**進行。雖然運用單位與編制依照情況而有不同，不過通常是由包含司令部、地面戰鬥部隊、航空部隊、海軍支援部隊的各種兵種的部隊所構成。直接登陸的部隊以**陸戰隊大隊**為基本單位，規模更大則組成陸戰隊旅團、陸戰隊師團。登陸作戰通常經由下列階段進行：

1 **擬定作戰**：從決定實施作戰到乘船的期間，謀劃作戰目標研究、參與兵力與登陸步驟等作戰實施要領。

2 **乘船**：部隊搭乘登陸用艦艇。裝載裝備和補給品。

3 **移動**：兩棲作戰的相關部隊從乘船地點移動到目的地的海面。移動時，進行作戰的沙盤推演、參與部隊的戰鬥準備態勢檢查。

4 **確保航空優勢、海軍部隊進行艦砲射擊**：藉由航母或者兩棲突擊艦與基地出動的航空部隊確保航空優勢，航空部隊與艦艇攻擊海岸的敵軍部隊。同時登陸艇從登陸艦出發，趁著飛機和艦艇壓制敵人時朝向海岸前進。

5 **登陸**：登陸作戰部隊到達海岸，戰鬥後確保橋頭堡（在敵區修建的據點），占領目標地區。

6 **擴大橋頭堡**：在橋頭堡集聚後續部隊的物資，作為進攻內陸的據點。

登陸作戰與一般作戰的不同之處很多，使用的器材也很特殊。如具備開上海濱能力的**登陸艇**、能在海、陸兩方作戰的**兩棲車輛**、設計成能在短時間讓搭載物登陸的**登陸作戰用運輸登陸艦**、除去海岸的障礙物與地雷的**兩棲登陸工兵車**等。尤其登陸艦和登陸艇依照大小、用途或形式的差異而有各種種類。

直接靠岸的登陸艇被大型登陸艦運送，載運到登陸的海岸洋面。雖然以前是藉由起重機從登陸艦降下海面，不過現代的主流船艦是在船體內的船塢注水，讓搭載的登陸艇能直接出發。此外，也開發出**氣墊登陸艇**，比一般登陸艇還要高速，並且能將登陸部隊送到陸地深處。不僅如此，藉由**兩棲突擊艦**的登場，V/STOL機和攻擊直升機變得能支援登陸部隊，藉由兩棲突擊艦搭載的運輸直升機能讓部隊迅速地登陸。目前也配備許多能自力從海上到海岸，以及進入到內陸的兩棲戰鬥車。

隨著這些艦艇和器材的發展，登陸部隊的編制和戰術也完成進化，還有特種部隊利用潛水艦進行登陸作戰。

在現代像以前那樣敵前登陸的可能性減少，登陸作戰大多變成在基礎建設不完善，或是到基礎建設被破壞的地區作為快速部署或災害派遣來進行。

不過，在圍繞島嶼領有權的紛爭中，或者在機動的部隊運用時，十分有可能實施登陸作戰。

陸戰隊

MARINE

- 登陸作戰
- 組織
- 歷史

帶領全軍的衝鋒部隊

陸戰隊本來是在軍艦彼此接近戰鬥的時代，衝進對手的船艦進行肉搏戰，或是為了進行港口警備等所編組的海軍內部隊。後來陸戰隊的任務轉變成登陸作戰和艦上的憲兵，在現代變成長距離投入兵力的支柱。

在陸戰隊的主要任務登陸作戰中，陸軍部隊必須和不具備的技能與裝備，以及艦艇與艦艇搭載的航空器合作。因此各國編組了陸戰隊這種特殊的部隊。陸戰隊除了登陸作戰，也進行快速部署、海軍設施與駐外使館的警備、臨檢等任務。陸戰隊經常配置在最前線，由於任務嚴峻，所以藉由嚴酷的訓練加以鍛鍊。因此精良強大，被視為相當於特種部隊。

美國陸戰隊

在各國之中美國陸戰隊號稱規模最大，美軍部署戰力的地方可以說必定會現身。在美國獨立戰爭時的1775年仿效英國陸戰隊組成，就是美國陸戰隊的起源，在並未擁有強大常備軍的美國，陸戰隊作為派遣海外的尖兵受到重視。美西戰爭以後對於加勒比海諸國等，成為砲艦外交的手段，在第二次世界大戰的太平洋戰線，作為反擊日軍的尖兵，對瓜達爾卡納爾島、硫磺島、沖繩等地進行了登陸作戰。戰後也幾乎全部參與美軍加入的戰爭與紛爭。美國陸戰隊是象徵美軍勇猛果敢的部隊，他們的行動成為許多電影、小說的題材。例如在電影《來自硫磺島的信》，描寫了美國陸戰隊與日軍激烈的戰鬥。

美國的陸戰隊在軍政上隸屬海軍部，但是指揮系統與海軍分離，是和**陸海空軍同級的獨立軍種**。美國陸戰隊擁有大規模的航空部隊，這是別國所沒有的特色。

美國的基本戰略是，迅速在世界上的紛爭地區部署兵力加以解決，此時美國陸戰隊作為先鋒是不可或缺的存在。

美國陸戰隊擁有約20萬名人員，這個數字比其他國家的陸戰隊全部加起來還要多。它的骨幹是3支**陸戰隊遠征軍**（Marine Expeditionary Force）。陸戰隊遠征軍設有司令部，地面戰鬥部隊（陸戰隊師團等）、航空部隊、後方支援等三大要素高度整合，在海外遠征之時，不用借助其他軍種之力，可以獨立作戰行動。陸戰隊遠征軍在大西洋有1支，在太平洋有2支，太平洋的陸戰隊第三遠征軍的司令部在沖繩。

有時陸戰隊遠征軍會像伊拉克戰爭那樣全部隊參加，有時按照需要只有陸戰遠征旅、陸戰遠征隊等一部分部隊參加。

現代各國的陸戰隊

美國以外的主要陸戰隊如表所示。在東亞有圍繞島嶼領有權的對立，在這個地區陸戰隊的存在十分重要。自衛隊有**水陸機動團**，船塢運輸艦搭載了海上自衛隊擁有的LCAC（氣墊登陸艇），兩者的共同作戰也受到期待。

國家	名稱	解說
俄羅斯	俄羅斯海軍步兵	約12,000人，隸屬於海軍。雖然努力維持即時反應性，但是有力的登陸艦卻不足。
英國	皇家海軍陸戰隊	約7,800人，隸屬於海軍。由3支突擊大隊、SBS（特種舟艇部隊）等所組成。
中國	中國人民解放軍海軍陸戰隊	約4萬人，隸屬於海軍。正努力增強登陸艦。
韓國	大韓民國海軍陸戰隊	約27,000人，雖然隸屬於海軍，但是獨立性高。以2支陸戰隊師團為骨幹，而且擁有船塢運輸艦。
台灣	中國民國海軍陸戰隊	3支旅團，約15,000人。

登陸用艦艇

在登陸作戰中，**登陸用艦艇**負責運輸大量兵員和戰車等裝備，或是讓他們登陸。登陸用艦艇依照大小可以分成小型的**登陸艇**，和大型的**登陸艦**。

★ 登陸艇

登陸艇是排水量500噸以下的小型登陸艦艇，也稱為**登陸用舟艇**。雖然裝載能力不如登陸艦，但是擁有自力航行到登陸地點開上海岸的**上岸能力**，任務是把兵員和物資送到海岸。上岸的登陸艇能從艦首在海岸降下**艏門跳板**（斜板），順暢地讓兵員和物資登陸。艏門跳板在艦首，降下後就沒有東西從敵人保護裡面搭乘的兵員。在電影《搶救雷恩大兵》描寫了艏門跳板一打開，士兵就被德軍的機關槍掃射的場景。登陸艇依照大小，分類成LCU（大型通用登陸艇）、**LCM**（中型登陸艇）、**LCVP**（小型登陸艇）等。

最初配備登陸艇的是舊日本陸軍，起源是1927年開發出稱為小發（小型發動機艇）的6.5噸登陸艇。

在現代除了登陸艇，也使用能高速在海面和陸上滑行的**氣墊艇**。美國的**LCAC**（氣墊型登陸艇）的戰車也具有登陸能力，自衛隊也擁有這種載具。

★ 登陸艦

登陸艦是大型登陸用艦艇，用來運輸大量兵員和戰車等裝備。由於大型所以除了LST（戰車登陸艦）都不能上岸，藉由出動的直升機和登陸艇讓兵員和裝備登陸。

最先開發登陸艦的也是日本，起初開發了讓遠洋航行能力和速度較差的登陸艇在海岸附近降到海面的母船，和可以上岸的登陸艦。美國等國緊接在後，藉由從第二次世界大戰中期大量建造的登陸艦進行了大規模的登陸作戰。

在現代，出現了從海上利用大型運輸直升機運輸兵員與物資的艦艇；從設置在船艦的船塢讓登陸艇出動的艦艇；加強通信指揮功能的艦艇等各種登陸艦。以下列舉代表性的登陸艦：

- **可以上岸的船艦**：LST擁有像登陸艇的艏門跳板，可以直接開上海岸。戰車等重裝備也能登陸。不過缺點是船艦外型有稜角且低速，不再用於遠方的登陸作戰。
- **使用起重機等讓搭載的登陸艇著水的船艦**：登陸運輸艦等。以前這種形式的船艦很多。
- **船塢登陸艦**：在船體內的船塢注水讓自己下沉，從注水的船塢讓搭載的登陸艇浮起、出動。有LPD（船塢登陸艦）、LSD（船塢運輸艦）。LPH有的也具備這種功能。
- **擁有飛行甲板的船艦**：擁有航空器用的起降甲板，能運用直升機和V/STOL機。有LPH（兩棲突擊艦）、LHA（直升機登陸艦、直升機航母）等。LPD、LSD有的也能運用直升機。

美國的胡蜂級兩棲突擊艦擁有滿載排水量40,650的噸位，和相當於航母的尺寸。能裝載2,000名陸戰隊隊員和5輛M1戰車等，可讓搭載的直升機與LCAC迅速登陸。此外也能運用攻擊直升機和V/STOL機，單艦也能完成近距航空支援。另外，將來也預定運用魚鷹式傾斜旋翼機和F-35B戰鬥攻擊機。藉由這種萬能艦登場，登陸作戰的步驟大幅簡化，部隊間的合作也變得順利。

- **指揮艦**：加強通信指揮功能的船艦。有LCC（登陸指揮艦）等。

於是登陸艦變得大型化、多功能化，登陸的手段也重視大型直升機和氣墊艇。這是部隊部署不可缺少的艦種，在東亞各國也讓新型登陸艦服役。

水雷

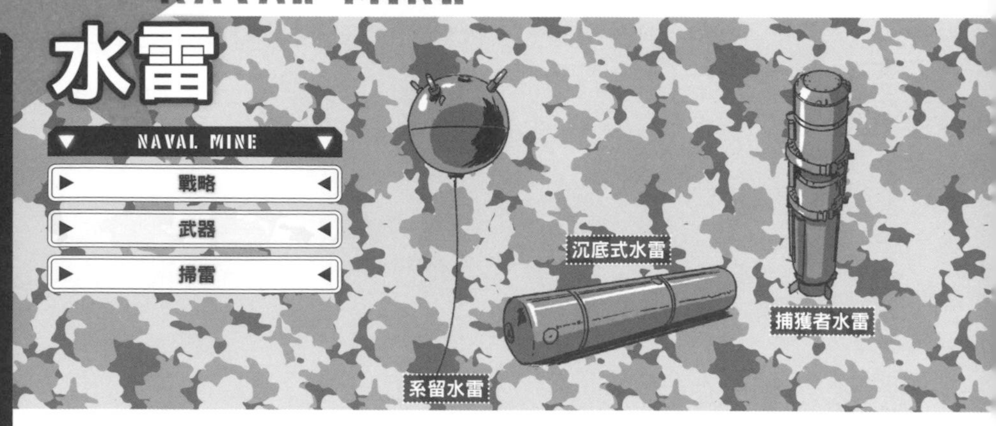

水雷是戰略武器

水雷是設置在水中或海底的武器，在航行過來的船艦接觸或接近感應時會爆炸，對船艦造成損傷。從在圓筒或球形容器裡放入炸藥和引爆裝置等構造單純的，到內藏魚雷自動導向攻擊船艦的，有各式各樣的類型。

水雷鋪設許多在港灣出口或海峽等處，以破壞航行的船艦，或是妨礙行動。

在日俄戰爭以旅順港的周邊海域為中心，正式使用水雷鎖定敵軍的船艦，兩軍的主力戰艦皆被水雷擊沉，遭受巨大的損害。後來，雖然鮮為人知，不過水雷的目標變成破壞海上交通線。在第一次世界大戰使用了24萬發水雷，在第二次世界大戰則使用了70萬發。第二次世界大戰當時，美國使用潛水艦破壞了日本的海上交通線，又使用B-29轟炸機在日本沿岸投下1萬多發水雷，使沿岸的海上運輸完全癱瘓。125萬噸的船舶蒙受損害，許多港口因為水雷變得無法使用。

在越南戰爭，美國為了妨礙北越的物資運輸，除了在河川使用了30萬發水雷，還使用約1萬發的水雷封鎖了北越的海防港。水雷不只鎖定敵方軍艦的戰術用法，在戰略上也是有效的武器一事受到認知。近年，為了從波斯灣運送原油到全世界，許多油船航行的霍爾木茲海峽遭到封鎖屢屢成為問題，不能否認封鎖的主要手段極有可能正是水雷。

水雷的種類

水雷在第二次世界大戰以前的主流是，用繩索系留在海底，船艦接觸後爆炸的觸發式**系留水雷**，之後的主流變成**沉底式水雷**，它鋪設在不受水深與潮流影響的海底。

引爆方式除了觸發式，還有對船艦的磁力有反應的**磁性水雷**、對聲音有反應的**音響水雷**、對船艦通過時水壓的變化有反應的**水壓水雷**、兼具這些功能的**複合式水雷**。最近也使用對聲音和磁力等有反應，從容器射出導向魚雷的**捕獲者水雷**。

此外依照鋪設方式，還可分類成航空器用水雷、潛水艦用水雷、水上艦用水雷這3種，按照各自的搬運方式，有用降落傘投下，或是從魚雷發射管鋪設，或是使用專用裝置鋪設。

掃雷

去除水雷叫做**掃雷**。掃雷有切斷系留水雷的系留索的**系留掃雷**，使用發出和船艦相同聲音和磁力的道具進行的**感應掃雷**。

系留掃雷是展開安裝刀具的鋼絲繩進行。被刀具切斷系留索的水雷會浮上水面，因此發現後便爆破。

感應掃雷是給予水雷模擬信號讓它爆炸。像是產生類似船艦磁力的磁氣信號，或是類似船艦航行聲的水中音。

最近的主流變成使用水雷探測聲納發現水雷，水中處理隊員使用炸藥處理，或是使用遙控前進的無人水雷處理航行體切斷系留索，或是把炸藥運到水雷附近爆破處理的**掃雷方式**（機雷掃討）。

掃雷艇為了應付接觸式水雷和水壓水雷，使用吃水淺的小型艇。為了避免磁性水雷有反應，有時使用木材或FRP（玻璃纖維）製造船體。

由於水雷便宜容易鋪設，所以有可能成為小國或恐怖分子的武器。在四周環海的日本，掃雷非常重要。另外第二次世界大戰時，美軍在日本沿岸鋪設的水雷以沖繩為主仍然殘留，自衛隊目前持續處理中。

次世代軍艦

▼ WARSHIP OF FUTURE ▼

▶ 兵器 ◀

▶ 船艦 ◀

▶ 技術 ◀

未來軍艦的必要元素

冷戰終結後，發生大規模海戰的可能性大幅減少，海軍被要求因應低強度紛爭或和反恐作戰。這意味著船艦活動的海域從外洋轉移到沿海區域。在沿海區域，海岸地形使感應器和目視索敵變得困難。此外由於敵方與友方或中立勢力就在近距離，因此識別很費工夫。潛藏在海岸的飛彈快艇、來自地上的反艦飛彈的攻擊、和使用小船的自爆攻擊也構成威脅。今後的軍艦除了傳統任務，也被要求應付這些全新威脅的能力。全新軍艦的重要任務，和應對的變化如下：

- **隱密性**：為了減少被敵人探測到的可能性，更加追求隱密性。船艦外型越來越平面化，裝備全都變成收納式，變成潛水艦浮上般的外觀。桅杆完全廢除，貼在船體上的雷達元件和天線元件取而代之。
- **多用途化**：最近在歐洲的海軍，具備與登陸艦類似外觀與功能的多用途船艦的建造逐漸增加。與登陸艦同樣擁有直升機用的飛行甲板，其中有些還具有船塢。雖然這些船艦作為登陸艦的能力較為遜色，卻加強運輸能力與指揮能力，儘管不具備敵前登陸作戰能力，但卻具有快速部署能力。每個國家都在有限的預算中建造、維持艦艇，以多用途使用為前提的設計今後也會增加。自衛隊的出雲級護衛艦（「出雲號」、「加賀號」）身為搭載直升機的反潛艦，卻具備運輸車輛、兵員的能力。
- **模組化**：兵裝與感應器搭配的反潛、對水上、水雷戰用任務包模組化，可配合任務變更。

- **高速性**：為了有效活用少數的艦艇而增加速度。
- **數據鏈結的強化**：建構即時的網路系統，將與同盟國海軍的統合作戰納入考量。

這些要件很難全都以一艘船艦實現，必須藉由複數艦種互補。與此同時，傳統艦種的區分受到重新檢視，對應全新任務的全新艦種分類成為必須。擁有複數船體的雙體船或三體船等船艦外型也已經建造出來，因此船艦的外觀也有顯著變化。此外，也在研究謀求安靜與省力的全新種類發動機，如一般型潛水艦的絕氣推進、水上艦的綜合全電力推進系統等。

美國的新造艦計畫

質、量皆領先全球海軍的美國，正在建造下述船艦：

- **傑拉德・F・福特級航母**：重新設計尼米茲級航母，採用隱形技術、電磁彈射器並謀求省力化。2017年1號艦服役。
- **朱姆沃爾特級驅逐艦**：滿載排水量14,479噸，擁有相當於巡洋艦的尺寸。舷側採用往內側傾斜的舷緣內傾型船體，變成潛水艦浮上般的姿態。裝備全都是內藏式，配備可容納80發飛彈的VSL，和可發射射程超過150km的火箭助推砲彈的火砲。發動機是綜合全電力推進系統。2016年1號艦服役。到3號艦停止建造。
- **濱海戰鬥艦（LCS）**：在沿海沿海區域活動的新艦種，謀求裝備的模組化。擁有超過40海浬的最高速度。一般船體，和三體構造的船艦同時建造。
- **次世代高速運輸艦**：在戰區用於運輸任務的高速艦。以民間的高速雙體渡輪為基本，具備戰鬥車輛用的照射器和直升機場。

由於最近國防預算縮減，雖然計畫的未來不透明，不過美國肯定仍會領先全世界。

COLUMN 戰艦

所謂戰艦（Battleship）是指藉由砲擊擊破敵方船艦的軍艦，兼具強大的大口徑艦砲，和面對同程度敵人有良好防禦力的巨大軍艦。所有的戰艦已經退役，如橫須賀的「三笠」只作為紀念館和博物館留存。

木造帆船的時代在19世紀初結束，軍艦進入裝甲艦的時代。不久具備砲塔的全鋼鐵製甲鐵砲塔艦登場，日本在1902年向英國訂購的「三笠」完成時，戰艦這個名稱固定下來。「三笠」身為聯合艦隊旗艦參加日俄戰爭的對馬海峽海戰，對俄羅斯艦隊獲得壓倒性勝利一戰成名。

之後，在**艦隊決戰思想**的背景下戰艦變得越來越巨大。雖然「三笠」的常備排水量是1萬5140噸，不過1941年完成的「大和」級的標準排水量達到6萬9100噸，在「尼米茲」級航母登場前是全世界最大的軍艦。

「大和」的主砲46cm砲，能讓1.46噸的彈頭飛到42km外，是全世界最強的艦砲。說到42km，是從東京車站越過橫濱，到達大船附近的距離。若是這個距離，無法直接看見對手。必須派出觀測機，依照它的指示調整準星。當然命中率也極低，不過當時能從對手的射程外攻擊，這點很是吸引人們的注意。

戰艦不只具備強大的艦砲，同時也被要求具備防禦力，足以承受與自身火砲同等威力的砲火攻擊。換句話說，就是能使出強勁的拳擊，並以強韌的身體承受對手拳擊，能夠互毆軍艦。但是船艦整體被厚重裝甲覆蓋，船艦太重就會變得遲鈍。因此只有主砲和彈藥庫等主要部分被厚重裝甲覆蓋，其他部分細分成區塊等提高防禦力。

戰艦在第二次世界大戰由於航空器的發展，沒能大顯身手。在現代戰場也幾乎沒有戰艦發揮的餘地。相對於再怎樣強大的艦砲頂多只能達到40km，巡弋飛彈擁有數百到超過1,000km的射程，還能精準正確地攻擊。此外，雖說戰艦被厚重的裝甲覆蓋，但要是遭受許多炸彈或魚雷攻擊，浸水後遲早會沉沒。尤其現代的魚雷，可以瞄準艦底脆弱的部位，因此就連戰艦也會被幹掉。

MILITARY ENCYCLOPEDIA

第5章

空戰

空軍

空軍的特性與任務為何？

空軍是以航空器和飛彈為主要武器，以空中為活動舞台的軍種。此外「空軍」這個用語，如美國的「太平洋空軍」、「第五航空軍」等，也作為軍種的空軍編制上的部隊單位使用。

空軍的特徵是不受陸上、海上的地勢限制，能迅速直接造訪地球上所有的地點。藉由迅速和遠距離作戰，空軍面對地上部隊、海上部隊可以占優勢。因此在空軍戰力沒有優勢的戰場無法取得勝利。藉由空軍戰力的優勢提高短期決戰的可能性，減少人員損失，而且能正確地破壞敵方的軍事力，美國正是徹底追求這點。空軍的作用有下列五點：

- **抑止戰爭與紛爭**：空軍戰力能迅速迎擊入侵的部隊，也能輕易反攻對手國的領土，因此充分的空軍戰力能抑止戰爭和紛爭。
- **收集情報**：從上空收集情報是了解敵軍戰力與狀況的重要手段。
- **擊破敵方空軍戰力**：如果開戰，能擊破敵方空軍，確保、維持**航空優勢**（限制戰區內敵方航空器的行動，獲得自軍航空作戰的自由）。
- **擊破陸海戰力**：繼敵方空軍之後擊破敵方陸海軍。
- **擊破戰略目標**：擊破對敵國的持續戰爭意志與能力造成影響的日標。

這些作用分成實際的任務如下。各任務利用配合用途開發的航空器進行，不過也存在著進行戰鬥機與攻擊機兩方任務的戰鬥攻擊機和多任務戰鬥機。

戰略的航空任務

具備長距離飛行能力的飛機的任務。

- **戰略轟炸**：利用轟炸機擊破敵國內的戰略目標。
- **戰略運輸**：利用大型運輸機將兵員與裝備橫越大陸運輸。
- **戰略偵察**：利用情報監視偵察機取得照片、電子情報。

戰術的航空任務

稱為戰術航空器，比較小型的航空器的任務。

- **反航空作戰**：藉由航空攻擊擊破敵方的空軍戰力，確保航空優勢。
- **壓制敵方防空系統**：利用戰鬥機或攻擊機破壞敵方雷達或對空飛彈等防空系統。
- **阻止航空**：利用攻擊機破壞補給路線和移動路線，剝奪敵軍的作戰自由。
- **近距航空支援**：為了支援戰鬥中的陸軍部隊，利用攻擊機攻擊前線的敵方部隊與設施。
- **海上航空支援**：利用攻擊機攻擊敵方海上部隊，並支援海軍。
- **戰術偵察**：除了利用偵察機收集航空作戰所需的情報，也收集提供陸海軍部隊需要的情報。
- **航空運輸**：利用運輸機在戰區內運輸陸海空軍作戰所需的人員、裝備。

防空任務

所謂**防空任務**，是指藉由雷達或預警管制機等警戒、監視試圖侵入自國領空的敵機，假如探測到敵機接近，就藉由戰鬥機或對空飛彈等有組織地阻止的任務。在空軍基地能夠立刻緊急起飛的戰鬥機隨時待機。這是航空自衛隊的戰鬥機隊的主要任務。有時區分成防衛重要基地、據點和大都市的地域防空；直接防衛地上部隊等的上空的地點防空等。

九一一襲擊事件（2001年）以後，在美國除了警戒自領空外侵入的敵機，也對領空內飛行的飛機進行警戒。美國空軍與州空軍共同分派戰鬥機，不斷地在空中待機警戒進行**空中巡邏（CAP）任務**。

軍用機的種類

機翼與引擎的差異

軍用機構造上的差異以機翼和引擎最具代表性。以下將介紹這兩個重點。所謂的「噴射引擎」是指燃氣渦輪引擎，請注意其實並非有無螺旋槳。

- **機翼形式的差異**：有機翼固定的固定機翼（包含B-1槍騎兵等機翼形狀可變更的可變翼機）、如直升機轉動旋翼的旋翼機、如V-22魚鷹式這種改變引擎方向，可垂直起降的傾斜旋翼機。
- **引擎形式的差異**：現代的航空器除了一部分小型機搭載往復式（活塞）引擎，大部分都搭載渦輪引擎。渦輪引擎大致有4種，共通點是壓縮燃燒吸進的空氣，藉由排氣轉動渦輪，利用這個動力再度壓縮空氣。此外渦輪螺旋槳是利用從渦輪獲得的動力轉動螺旋槳；渦輪軸會像直升機那樣轉動旋翼；渦輪噴射是直接噴射排氣獲得推力。而渦輪風扇是改良渦輪噴射，將吸進的空氣分成送到燃燒室的空氣，與不送到燃燒室向後方排出的空氣。現代所謂的噴射機不論軍用、民用，幾乎都搭載效率佳的渦輪風扇引擎。除了這些引擎形式以外，還會依照搭載的引擎數量分類成單引擎機、雙引擎機、三引擎機、四引擎機等。

依照任務分類

軍用機依照任務被要求不同的性能。例如空對空戰鬥用的機體被要求速度、爬升力、運動性，不過運輸機則重視搭載量與裝載空間。雖然能以單一機種完成許多任務最為理想，不過在技術上與經濟上都不實際。因此在軍用機，會製造好幾種對於限定用途，具備特別合適性能的機種，並配合任務運用。表格揭示了在美國依照任務運用的軍用機的分類。

種類	記號	任務
戰鬥機	F	在反航空作戰進行空對空戰鬥。
攻擊機	A	進行轟炸及飛彈攻擊。在自衛隊稱為支援戰鬥機。
轟炸機	B	進行長距離飛行轟炸及飛彈攻擊。
運輸機	C	運輸人員、物資。
偵察機	R	藉由電子、光學感應器及目視獲得情報。
電子戰機	E	進行電波妨礙。
空中指揮機	E	最高指揮官從空中進行軍事及政治指揮。
預警機	E	藉由搭載的雷達，探測侵入的敵機。
空中加油機	KC	對飛行中的飛機在空中補給燃料。通常使用改造運輸機的機體。
巡邏機	P	在海上巡邏的機體，主要進行反潛作戰。大多是海軍機。
觀測機	O	比偵察機在更有限的範圍內進行偵察、彈著觀測等。
反潛機	S	進行反潛作戰。
無人機	Q	各種無人機。
泛用機	U	藉由機材交換，用於少人數移動、運輸物資等多用途。
練習機	T	用於訓練飛行員和乘機人員。
救難機	H	救出在事故或戰鬥中墜落機體的搭乘人員。

像美軍是以上述記號和數字表示機種。如果是戰鬥機，就會是F-15、F-16、F-22，若是轟炸機，就會是B-1、B-2。其中也有F/A-18這種進行戰鬥機和攻擊機兩方任務的軍用機。

另外，經過改造進行與開發時任務不同任務的情況，則會追加記號。上述表格中空中加油機是「KC」，這表示是從運輸機改造而成。像是AC-130這種機種，則表示將運輸機改造成攻擊機。

空戰

▼ AIR-TO-AIR COMBAT ▼

在空戰取勝的要素

戰鬥機的空戰在戰爭電影的高潮場面中也為人熟知。尤其在最近距離激烈纏鬥，由於激烈程度被稱為**空中纏鬥**。不過，演變成空中纏鬥的情況並不多，通常在那之前已分出勝負。想要在空戰取勝，下列要素非常重要。

- **先發現對手**：必須擁有強大的雷達、強大的ECM（電戰反制）手段。
- **優秀的戰術**：接近敵人的方法、編組部隊的方式、發射飛彈的時機等。
- **飛行員的本領**：必須精通武器與戰術，擁有能讓自己的座機有效飛行的本領。也包含掌握自機的狀態。
- **數量優勢**：必須在數量上占優勢。戰鬥機的數量、搭載的飛彈數量決定勝敗。
- **戰鬥機的性能**：需要在空中纏鬥時以運動性比對手占優勢的性能。如速度、爬升率、迴旋率等。

如果一方滿足這些所有要素，空戰就會變成壓倒性結果。贖罪日戰爭時，以色列方面的飛機被擊墜1架時，阿拉伯方面的飛機被擊墜了30架。空戰對於弱者非常殘酷。

空戰的流程

在此簡化介紹空戰是沿著怎樣的過程。

1 **發現、識別：**藉由戰鬥機本身，或預警機（AEW）搭載的雷達捕捉敵人。在遠距離先發現對手非常重要。有時是探測敵軍雷達發出的電磁波。敵方和友方使用IFF（友敵鑑別儀）識別。IFF發現雷達波後，會送回特定編碼構成的信號。如果信號正確，就會在雷達螢幕上顯示為友方。假使搭載「射後不理（Fire-and-forget）」式的飛彈且敵機在射程內，在這個階段就能發射。

2 **接近：**基本上接近時不能被敵人察覺。戰鬥機的雷達配備在機首，搜索範圍往戰鬥機前方擴大。接近敵人時避開這個範圍，從側面或後面繞到背後去。

3 **攻擊、機動（maneuver）：**從敵機背後上空等有利的位置進行攻擊。雖然一般是以空對空飛彈進行攻擊，不過空中纏鬥時也會使用機關砲。敵人察覺到攻擊時，彼此為了取得有利的位置，會進行各種精巧動作。如一邊爬升一邊突然改變方向的英麥曼迴旋等，有各種特技飛行動作。

4 **脫離戰鬥：**擊墜敵機，或是處於劣勢，或者燃料減少就要脫離戰鬥。順帶一提只剩下回基地的燃料叫做「賓果燃料」。

空戰中被擊墜的飛機有80%是遭受奇襲。最大的重點是占據有利地位。機體的位能隨時能轉變成動能，增大加速性能，也能讓動作變得有利。此外背向太陽，或是不從雲層前出現等舊原則仍然很有效。

空戰是團隊合作

空戰並非僅由戰鬥機進行。還有許多航空器的支援。**預警管制機**（AWACS）利用強大的雷達比戰鬥機更早發現敵人，掌握戰場空域整體的狀況將情報傳給戰鬥機。**電子戰機**進行電波妨礙，使敵方的防空系統和雷達導向飛彈無力化。**攻擊機**攻擊敵方的防空系統，破壞敵方的地面雷達，從地對空飛彈保護其他航空器。而**空中加油機**延長各飛機的滯空時間，維持上空的友軍數量。

制空

戰鬥機的主要目的是擊墜敵方的飛機，是高速且機動性高，比較小型的軍用機。第二次世界大戰中登場的噴射戰鬥機，按照任務完成各種進化。它的種類有，迎擊侵入自國領域的敵機的**迎擊戰鬥機**（美國的F-104、前蘇聯的MiG-25等）、進行空中纏鬥的**制空戰鬥機**或**輕戰鬥機**（美國的F-4、前蘇聯的MiG-21等）、也能完成轟炸任務的**戰鬥轟炸機**（美國的F-105等）等。

迎擊戰鬥機（也稱為防空戰鬥機、要擊戰鬥機等）重視爬升性能和速度使得機體大型化，另一方面有運動性降低的傾向。其他種類的戰鬥機也有比起運動性以速度為優先的傾向，尤其舊西歐各國製的戰鬥機很顯著。然而在越南戰爭，由於美國的F-4戰鬥機對上運動性更好的前蘇聯製Mig-21陷入苦戰，所以開始要求運動性優異的戰鬥機。

因此稱為制空戰鬥機，速度與運動性皆有高水準且取得平衡的機體登場了。此外，戰鬥轟炸機也被運動性高、兼具攻擊機特性的**多用途戰鬥機**取代，制空戰鬥機與多用途戰鬥機成為現代戰鬥機的主流。

- **制空戰鬥機**：以擊破敵方戰鬥機確保航空優勢為主要目的的戰鬥機。擁有高運動性，配備能從遠距離用飛彈攻擊的高階射控系統。如美國的F-14、F-15和F-22、俄羅斯的Su-27、Su-33等。
- **多用途戰鬥機**：也稱為多用途戰機，設計成能以單一機種執行與敵方戰鬥機戰鬥、對地攻擊等許多任務的戰鬥機。戰鬥機為了發揮高機動性，配備高輸出的引擎，所以也有充分的能力搬運對地、反艦飛彈、精密導向炸彈等對地攻擊武器。如美國的F-16、F/A-18和F-35、俄羅斯的MiG-29K、瑞典的JAS39、法國的飆風戰鬥機、共同開發的歐洲戰鬥機颱風等。

以前配備雷達和電腦搭配的射控系統及導航系統，在無法目視的夜間和惡劣天氣下也能戰鬥的戰鬥機特別稱為**全天候戰鬥機**，最新的戰鬥機皆具備這種能力，變得沒有區別。另外，在航母也能運用的則稱為**艦上戰鬥機**。

戰鬥機的引擎幾乎是渦輪風扇，安裝了在必要時大量消耗燃料提高輸出的**後燃器**。機體為了減輕重量，除了鋁合金還使用鈦合金與複合材料（碳纖維等），推力超出機體重量，發揮優異的爬升性能。飛行員的操作是以信號傳達給各部的**線傳飛控**進行操縱。飛行員眼前有與射控系統連動的半透明**抬頭顯示器**，上面會映出飛行狀態與照準器，因此飛行員的眼睛不會離開目標，能夠持續操縱。飛機急劇運動後搭乘員會承受8～9G的巨大離心力，因此藉由抗G衣和躺椅座席減輕對飛行員造成的負擔。

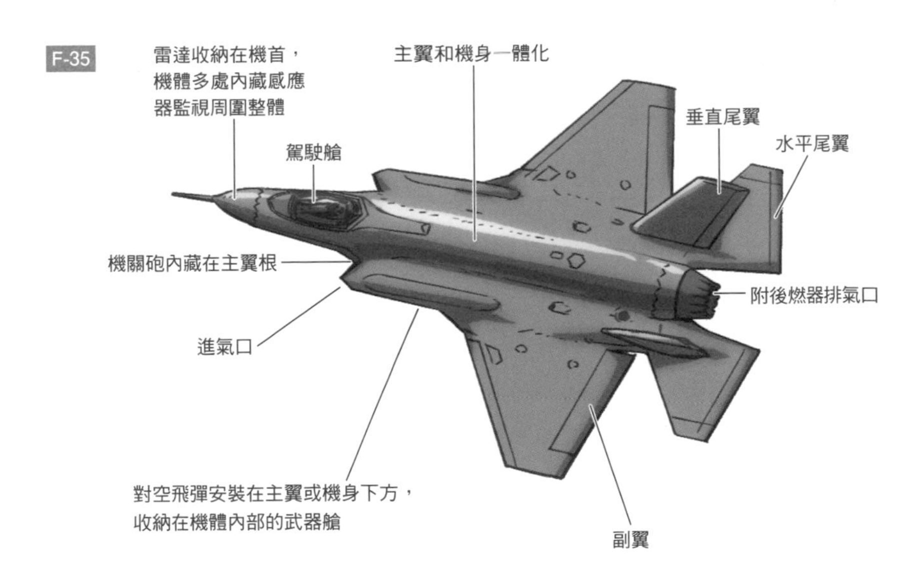

空對空飛彈

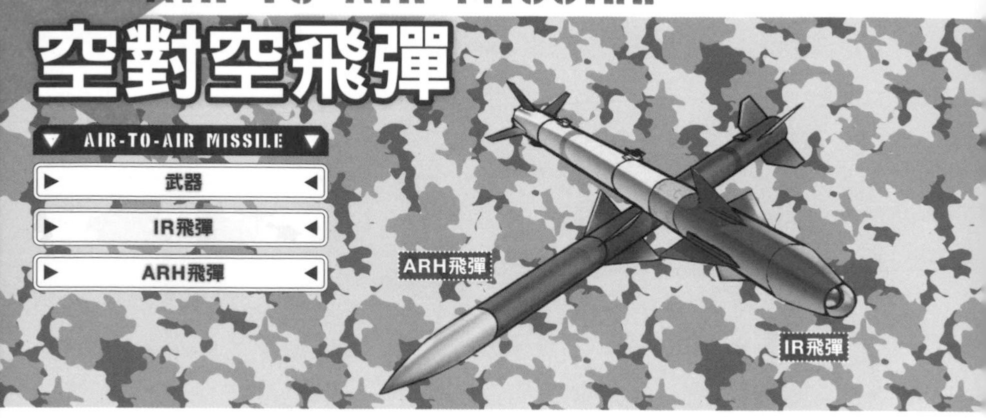

用電磁波導引飛彈

空對空飛彈（AAM：Air-to-Air Missile）是戰鬥機在遠距離擊破敵方飛機所不可缺少的武器。飛彈利用電磁波朝向目標飛去，大致可分成使用紅外線的**被動紅外線導引**式飛彈和使用雷達波的**主動雷達導引**式飛彈這2種。紅外線和雷達波同樣都是電磁波，依照波長而有差別，不過特性完全不同。

★ 紅外線導引飛彈（IR飛彈）

紅外線是比可視光波長略長的電磁波，具有會從帶熱的物體發出的性質。飛機的引擎當然是高溫，會發出紅外線。**IR 飛彈**的前端安裝了追蹤導引系統，它會「看到」目標最熱的部分，通常是因為排氣變熱的後面，然後朝向它飛行的被動紅外線導引式飛彈。

IR飛彈構造簡單，便宜具有高信賴性，由於機體方面不需要特殊裝置，所以許多航空器都有配備。此外，因為是完全獨立的系統，所以優點是發射的航空器在發射後馬上能轉移到下一步行動。

初期的IR飛彈只能從敵機後方發射，不過後來開發的全方位型紅外線導引飛彈，感測紅外線的導引頭感應度很高，對機體整體的熱有反應，即使從前方也能鎖定敵機。

紅外線的缺點是容易被雨、霧、雲等氣象條件影響，而且射程短，最多只有20km。

IR飛彈有美國的AIM-9響尾蛇、俄羅斯的R-73、日本的04式空對空飛彈（AAM-5）等。

半主動雷達導引（SARH飛彈）

發射飛彈的航空器（母機），朝目標照射的雷達波（微波）碰到目標回彈信號，被主動雷達導引式飛彈捕捉到朝向它飛行。射程約50km，比IR飛彈略長，能從更遠處鎖定敵人。

由於**SARH飛彈**朝向目標反射的雷達波飛行，所以母機在這段期間，必須一直對目標持續照射雷達波。由於飛機的雷達配備在機首，所以敵機朝向自己時就會持續接近。雖然在空戰從對手背後攻擊比較有利，不過像空對空飛彈的情況，飛彈與目標的相對速度會變大，所以從正面發射能更早命中目標，有時比較有效。不過，也有對手發現自己並發射飛彈的危險，最糟可能會同歸於盡。

另外，SARH飛彈的命中率很差，美國的AIM-7飛彈在越南戰爭時，命中率只有9%，在波斯灣戰爭時也只有36%。

SARH飛彈有美國的AIM-7麻雀飛彈、俄羅斯的R-27R等。

主動雷達導引飛彈（ARH飛彈）

為了解決SARH飛彈的缺點，開發出**主動雷達導引飛彈**。這是不依賴母機的雷達波照射，自己發出雷達波，並追蹤雷達波的反射。由於母機發射飛彈後立刻能轉移到下一步行動，所以也稱為「**射後不理**（Fire-and-forget）」式的空對空飛彈。

另外，由於不依賴母機照射的雷達波，所以特色是射程長，達50～100km。雖然美國F-14雄貓戰鬥機搭載的AIM-54鳳凰飛彈已經引退，不過它是開發來護衛航母用，具備在航母的遙遠前方擊墜敵機的能力。

主動雷達導引飛彈除了鳳凰飛彈，還有美國的AIM-120 AMRAAM、俄羅斯的R-77、日本的99式空對空飛彈（AAM-4）等，因為比其他空對空飛彈昂貴，所以很難配備充足的數量。

第五代戰鬥機

戰鬥機的世代

戰後噴射戰鬥機的進化，有時以「**世代**」來表現。它表示各自的戰鬥機優秀到何種程度，舊世代的戰鬥機很難對抗新世代的戰鬥機。在此簡單說明各自世代的特徵如下：

- **第一代**：採用噴射推進。如美國的F-80、德國的Me-262等。
- **第二代**：採用後掠翼，搭載只測量距離的雷達、紅外線導引飛彈。如美國的F-86、前蘇聯的MiG-15等。
- **第三代**：能夠超音速飛行。搭載半主動雷達導引飛彈，能攻擊視野外的目標。如美國的F-105、F-4、蘇聯的MiG-17、MiG-21等。
- **第四代**：除了高速飛行，還具備高運動性。配備擁有俯視能力的脈衝都卜勒雷達，能探測、攻擊低空的目標。如美國的F-14、F-15、F-16、法國的幻象2000、前蘇聯的MiG-29等。
- **第四代＋**：具備更加敏捷的運動性。感應器類的整合（integrate）升級，射控系統強化。採用的機體設計考量到減少雷達波反射的隱密性。如共同開發的歐洲戰鬥機颱風、俄羅斯的Su-30、美國的F-16、F/A-18先進型、法國的飆風戰鬥機等。
- **第四代＋＋**：採用主動式電子掃描陣列的先進雷達。藉由內部構造和電波吸收塗料獲得隱密性。能夠超音速巡航。如俄羅斯的Su-35、美國的F-15SE等。

★ **第五代**：搭載武器內藏在機內的武器艙，全面獲得隱密性。藉由推力轉向提升運動性。感應器類的情報經過整合顯示。能夠限定的或完全的超音速巡航。如美國的F-22、F-35。

並非所有戰鬥機都能如此分類，不過這是大致的基準。世界上還存留許多舊型戰鬥機，尤其像發展中國家等預算有限的國家更是顯著。如在日本F-4戰鬥機仍是現役等，並非總是只使用最先進的機體。

雖然比起冷戰時代速度減低，但是在先進國家正在開發全新戰鬥機，也就是第五代戰鬥機，在美國已經配備F-22猛禽、F-35閃電Ⅱ式戰機。

各國正在開發的第五代戰鬥機

美國領先他國配備的**F-22**戰鬥機，具備高度隱密性，經由先進雷達和編隊內數據鏈結先發現敵機，藉由推力轉向能力和超音速巡航能力帶來的高機動性先發制人，借助先進的射控系統和AIM-120 AMRAAM空對空飛彈實現先擊破敵人。在與F-15和F-16的模擬戰鬥中展現壓倒性的實力，在現階段是最強的戰鬥機。另一方面價格也昂貴，生產不到200架就終止。

美國與英國等國合作開發了**F-35**，包含美國的空海軍和陸戰隊與英國在內的各國進行配備。在日本也開始配備。它也被稱為**聯合打擊戰鬥機**，除了空對空戰鬥，也能完成對地攻擊。感應器和操縱高度電腦化，飛行員只要透過操縱桿對姿勢下指示，程式就會控制機體。雖然初期生產已經開始，不過預估配備還得花上一些時間。

俄羅斯正在開發**T-50/PAK-FA**，雖然預料隱密性較差，卻是具備超音速巡航與推力轉向能力的高機動力機體。中國的第五代戰鬥機**J-20**（殲20）進行了首次飛行，不過真實情況還是未知數。在日本防衛省技術研究本部正在研究試作具備隱密性和高機動性的「**先進技術驗證機**」，非正式名稱為「**心神**」。

次世代戰鬥機

第六代戰鬥機會是如何？

有人指出目前已配備的，或正在開發的第五代戰鬥機，面對預測的大規模紛爭的可能性，具備過於強大的性能。F-22在約180架便生產終止，F-35也因為成本高漲所以看到減少供應數量的動作，也許縱使性能低，但成本低的輕量戰鬥機才比較有需求。雖說幾乎是科幻世界的說法，不過在**第六代戰鬥機**能想到的特徵可能性如下：

- **隱密性**：隱密化更加進步，更不易反映在雷達上，放射的紅外線也減少。
- **定向能量武器**：使用強大的微波或雷射，用來防禦對空飛彈，以及當成攻擊武器。定向能量武器是能調節威力的類型，還能破壞目標，也能僅是威嚇造成障礙。由引擎或專用的輔助系統提供動力給定向能量武器，有可能進行「彈數無限制」的射擊。
- **智能蒙皮**：藉由材質與微電子技術，讓陣列雷達和感應器等埋入機體表面。雷達不必再配備在機首，變成也能配備在以前由於熱和表面彎曲而無法利用的位置，飛機整體變成大型感應器。飛行員能夠看到全周圍。
- **網路戰裝備**：配備進行網路攻擊的裝置或軟體。
- **無人機化**：人類可隨意搭乘的自動控制戰鬥機。可以遙控，或是完全獨立飛行。電腦變得可以「學習」，變成能給予飛行員建議，應該採取哪些行動。給予的建議如：應該讓目標暫時無力化、應該造成損傷、或者應該破壞等。

- **極超音速**：音速5倍以上的飛行能力。為了讓高速性能和續航性能並存，飛行時具有「變形」能力。
- **高度網路化**：編隊的數據鏈結升級，多架機體的情報整合，具備捕捉敵方隱形戰機反射波的能力。此外在編隊內，搜索和攻擊敵人分工合作，縱使自機沒有發現敵人，也能根據其他機體的情報進行「雲射擊」。使用主動雷達探測，被敵人發現的可能性很高，因此讓無人機進行雷達搜索。
- **分散系統**：網路化進步後，不必再讓一架機體搭載所有裝備。還可以由數種小型專門化的飛機合作執行任務。
- **光學工程**：操縱系統採用更輕量的光傳飛控，能經由光纖高速傳送大量數據，取代藉由電子信號操作的線傳飛控。此外，光纖面對干擾或假信號數據也有抵抗力，不易受到網路攻擊。

這些在近未來實現的可能性不高。各國國防預算並不充足，比起以前開發研究預算也逐漸減少。此外，國防相關企業也減少，像以前那樣雄心勃勃地進行研究的企業也減少了。不過在故事的世界中，讓採用技術稍微突出的戰鬥機登場是必備的。

但是在軍事界數量也很重要。因此縱使性能再高，假如製造、維護、管理、修理的成本與效果不相稱，就無法備齊充足的數量。不能在必要時配備在必要場所，或是正在整備無法出擊等，這種發展也可說是新兵器、超兵器的慣例。

攻擊機

ATTACKER

- 高速進攻
- 壓制戰場
- 特種戰

對地、反艦任務用的軍用機

攻擊機這種軍用機的主要任務是，攻擊戰鬥車輛與設施等地面目標，以及船艦。攻擊機搭載炸彈和對地、反艦飛彈，但並非只要搭載就行了。還需要專用的瞄準裝置，也必須和地面部隊數據鏈結。

即使總稱為攻擊機，依照任務具備著完全不同的構造，外觀也完全不同。雖然沒有明確的區別，不過大體上有以下種類：

- **高速進攻型**：擁有相當於戰鬥機的運動性，能高速侵入敵區攻擊目標。如美國的F/A-18等。
- **壓制戰場型**：重武裝，長時間停留在戰場上空壓制戰場。如美國的A-10等。
- **特種戰型**：主要在夜間或惡劣天氣時行動，進行近距支援。如美國的AC-130鬼怪式等。

高速進攻型

高速進攻型的攻擊機預料敵方戰鬥機與對空飛彈的迎擊，用來攻擊威脅度高的空域，也就是預料敵人將會妨礙的空域。

尤其美國的F/A-18這種航母上搭載的攻擊機，是航母打擊部隊攻擊力的核心機種，必須一邊躲過敵方的雷達、對空砲火、戰鬥機的迎擊等，一邊對遠離母艦的目標用炸彈或飛彈加以攻擊，然後再次長距離飛行返回母艦。因此必須兼具構造精簡堅固的機體、優異的運動性、續航力，以及強大的武器搭載能力。

包含F/A-18，現代的攻擊機由於具備相當於戰鬥機的運動性與空對空能力，所以通常設計成多用途戰鬥機（多用途戰機）。這種戰鬥機為了發揮高機動性，配備了高輸出的引擎，所以也有充分的能力搬運對地、反艦飛彈、精密導向炸彈等對地攻擊武器。

這一型有美國的F-16、F-15E、F/A-18、F-35、俄羅斯的MiG-23、MiG-29K、Su-30、瑞典的JAS39、法國的飆風戰鬥機、共同開發的歐洲戰鬥機颱風、日本的F-2支援戰鬥機等。

此外，V/STOL機的獵鷹式在美國等國也作為攻擊機使用。不論艦上、陸上，由於能在狹窄的地方運用，所以作為在前線附近行動的攻擊機具備有利的特性。

壓制戰場型

壓制戰場型的攻擊機原本的設計目的是攻擊敵方裝甲部隊，特色是大量搭載炸彈、火箭彈、飛彈，配備大口徑機關砲等重武裝。具有長久的滯空時間、良好的低空運動性、短距起降（STOL）能力，由於容易暴露在對空砲火下，所以也具備堅固的構造與強韌的防彈性。一般以正面防禦戰車等戰鬥車輛為優先，通常上面的防禦比較弱。這種攻擊機相對於脆弱的上面，能從上空用機關砲等加以攻擊，所以面對敵方裝甲部隊是有效的攻擊手段。

這一型有美國的A-10、俄羅斯的Su-25等。

特種戰型

特種戰型的攻擊機按照特殊的任務，而有各式各樣的類型。例如AC-130鬼怪式是改造運輸機，除了夜間航行裝置與瞄準裝置還有火神砲，有時甚至以配備105mm砲的機體，支援特種部隊的作戰。

有些攻擊機如已經引退的美國的F-117具有隱密性，能在夜間以精密導向炸彈攻擊目標。F-117參與入侵巴拿馬、波斯灣戰爭、科索沃空中轟炸等，活用隱密性，執行的任務主要是攻擊敵方的防空系統與司令部等重要設施。

轟炸機

BOMBER

- 戰略武器
- 核戰略
- 隱形轟炸機

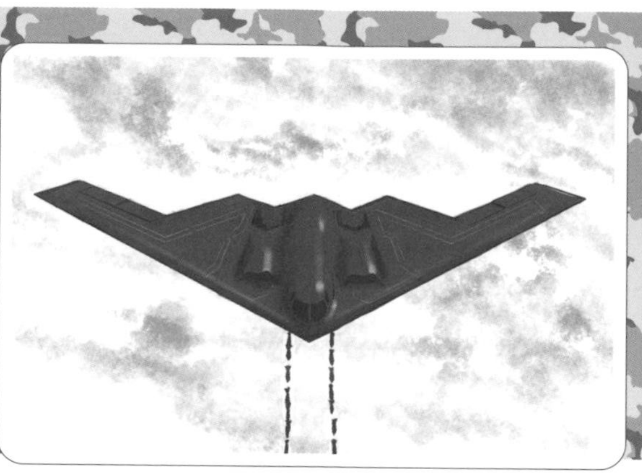

攻擊超遠距離目標的戰略武器

轟炸機是以轟炸為主要目的的軍用機，大量搭載炸彈和飛彈等，有時能一邊接受空中加油機的支援，一邊到達其他陸地進行攻擊。

在現代大多數情況下，轟炸變成攻擊機的任務，持有**戰略轟炸機**的國家只有美俄中三國。以前也有小型轟炸機，不過在現代已經被攻擊機取代。

核戰略的推手

在第二次世界大戰無數的轟炸機侵入敵國上空，不只軍事設施，也在工廠和市區投下炸彈。戰後這種無差別轟炸在國際法明確禁止，可是在冷戰下，美蘇都做好在對手國家投下大量核彈的準備。美國在1950年代配備B-47同溫層噴射機，接著開發後繼機，更大型、高性能的B-52同溫層堡壘。B-52號稱最大搭載量30噸，在經過50多年的現在仍是在役。

1960年代，美蘇的核戰略三位一體是大陸間彈道飛彈（ICBM）、潛射彈道飛彈（SLBM）、戰略轟炸機，做好準備即使其中一項無力化也能報復敵人。在這當中轟炸機起飛後能變更目標，或是中止任務，這點是其他戰略武器沒有的優點，因而受到重視。雖然數量因為軍縮條約而被縮減，但是美俄兩國如今仍維持三位一體的態勢。

戰術的改變

地對空飛彈和雷達發展後，轟炸機以前採取的高高度侵入戰術不再行得通，變成**低高度侵入**的全新戰術，幾乎接觸地面低空飛行躲過防空系統。在科幻小說和動畫作品中也常登場的XB-70女武神式是設計成高速高高度侵入的試驗機，不過由於戰術的改變而不被採用。

美國改造B-52改成低空飛行用，另一方面開發B-1槍騎兵。B-1為了實現在低空高速飛行，採用可改變機翼角度的**可變翼**，蘇聯也開發Tu-22M逆火、Tu-160海盜旗緊跟在後。

另外，巡弋飛彈開發後，轟炸機變成作為母機使用。轟炸機能從不被對手反擊的安全空域進行核攻擊，不必像以前一樣突破敵方的防空系統。中國在這項任務中運用前蘇聯的Tu-16獾式。

隱形轟炸機的登場與轟炸機的現在

美國的最新隱形轟炸機B-2幽靈式，是機體整體呈翼狀的**全翼機**。沒有尾翼，平坦的形狀令人印象深刻，已經在眾多電影和動畫中登場。全翼機有著很難操縱的問題，不過藉由電腦控制的線傳飛控操縱系統變得能穩定地飛行。B-2除了隱密性，還能低空飛行，因此阻止它侵入非常困難。

在現代轟炸機仍未失去存在感。在波斯灣戰爭和阿富汗戰爭B-52參與空中轟炸，對地面部隊指示的目標加以精密轟炸。2011年利比亞內戰時，B-1、B-2從美國本土空中轟炸利比亞，破壞多達150個目標，對格達費方面的勢力造成打擊。轟炸機的**長距離飛行能力**和**大搭載量**充分發揮。

轟炸機花費龐大的製造、運用成本，B-2僅僅生產21架便中止。美國更新現有的B-52、B-1、B-2的全新轟炸機B-21突襲者正在開發中，削減成本將是最大的問題。該機身為戰略轟炸機的同時，也被要求作為具備情報、監視能力等的**多用途長距離平台**，或許會開發作為**分散系統**的一部分，讓各種軍用機的角色劃分暫且變成白紙，由複數機種分攤任務。俄羅斯以PAK-DA（遠程航空兵未來航空複合體）這個名稱正在進行次世代戰略轟炸機的計畫。

偵察機、監視機

也能侵入敵地的偵察機

從上空拍照偵察或藉由雷達收集電子情報，以此為主要目的的軍用機稱為**情報監視偵察機**（ISR：Intelligence Surveillance and Reconnaissance），大致可分成**偵察機**和**監視機**。偵察機是偵察固定目標與靜態狀況，拍攝照片是主要任務。監視機是即時監視變化，監視敵方部隊動向為主要任務。

偵察機依照任務種類分成**戰術偵察機**和**戰略偵察機**。戰術偵察機是偵察戰場或其周邊的機體，為了避免敵人妨礙，一般使用高速性能與低空運動性能優異的機體。通常改造高速、運動性高的戰鬥機，或是配備偵察吊艙，如改造F-4鬼怪的美國RF-4和前蘇聯的Mig-25等。RF-4在美國引退，被無人機取代，不過航空自衛隊還在持續使用。RF-4除了光學相機，還配備監視雷達與紅外線探測器等，能在全天候下偵察。

戰略偵察機是侵入敵國領空收集情報的機體，有能在2萬公尺的超高度飛行的美國U-2偵察機、SR-71黑鳥式。雖然SR-71全機引退，卻能以馬赫3以上的速度在高度2萬4000公尺飛行。SR-71不只保持身為實用噴射機的最高速度紀錄，也是形狀平坦獨特，令人印象深刻的機體。因為也是未被廢棄，保存下來的機體，所以或許也有可能復活。

1960年發生了U-2在前蘇聯領土內偵察飛行時遭到擊墜，駕駛員變成俘虜的事件。從此以後，U-2成為知名的「間諜機」。包含古巴飛彈危機在內，人們深信U-2在許多紛爭地區進行偵察活動。偵察衛星實用化之後偵察機的價值減少，藉由無人機的登場也有人倡議廢除有人偵察機，不過U-2依然維持現役。

監視機總是在飛行

巡邏機在監視機之中數量最多。這是進行反潛巡邏、反水上艦巡邏、反水上活動應變等的機體，美國的P-3C獵戶座、S-3維京式、英國的獵迷、俄羅斯的Tu-142、I1-38等屬於此類。

預警機（AEW）搭載強大的雷達，是最早發現敵方飛機的機體，還有具備管制功能的**預警管制機**（AWACS）。如美國的E-2C鷹眼、E-3哨兵式、俄羅斯的Tu-126苔蘚、A-50A支柱等。

JSTAR（聯合監視目標攻擊雷達系統）機是AWACS的地上版，能藉由合成孔徑雷達等監視地上的目標。美國的E-8聯合星屬於這一類。

情報收集機是收集電子情報（ELINT）、信號情報（SIGINT）等的戰略、戰術情報的機體。美國的RC-135等屬於這一類。北韓的彈道飛彈進行發射實驗時，JSTAR和RC-135會擔任監視。

此外，具備各種功能的各種無人機開始用於偵察及監視任務。最近也發生了美國的隱形無人機在伊朗上空被擊墜的事件。

情報監視偵察機的各個種類如表所示：

情報監視偵察機的種類		解說
偵察機	戰術偵察機	主要進行戰場的偵察。
	戰略偵察機	侵入敵國領空進行偵察。
監視機	巡邏機	反潛巡邏機等。進行海上巡邏。
	預警機、 預警管制機	空中雷達。也有進行空戰管制的機體。
	JSTAR	監視敵軍地面部隊的動向。
	情報收集機	收集敵軍的電子情報。
無人機	各種類型	配合用途有多種無人機。

支援機

SUPPORT AIRCRAFT

- 警戒
- 電子戰
- 後方

以各種方法支援戰鬥

戰鬥機和攻擊機與敵人直接戰鬥，另一方面有各種機種支援它們。

預警機及預警管制機

預警機（AEW）具備大型**雷達天線罩**，正是外觀上最大的特徵。地上的雷達基地因為地平線和水平線，遠距離的目標會進入死角。此外，由於地形也無法探測低空飛行的飛機或巡弋飛彈。但是假如雷達在空中，地形的妨礙就會減少，可以探測更遠的敵人或低空飛行的物體。因此，以客機或運輸機的機體為基本安裝大型雷達天線罩的預警機誕生了。

預警管制機（AWACS）是賦予預警機**管制能力**的機體，在將從雷達獲得的情報傳給戰鬥機的同時，把目標分配給友方戰鬥機，是傳送移動與戰鬥指示的空中司令所。許多先進國家擁有預警管制機，日本的航空自衛隊持有13架E-2C、4架E-767。

運輸機

運輸機是肩負軍隊組織的後勤，運輸兵員、裝備、物資的機體。大型的**戰略運輸機**能將大量的人員物資從本國長距離運輸到戰場；中、小型的**戰術運輸機**則是運輸戰區內的兵員、物資等，有時也用於空降作戰。戰術運輸機有美國的C-130、俄羅斯的An-12幼狐、日本的C-1、C-2等，被世界各國使用，不過擁有戰略運輸機的國家是少數。

美國擁有許多戰略運輸機，如最大搭載量122噸的C-5銀河，和77噸的C-17全球霸王，能將戰車、步兵戰鬥車和攻擊直升機等空運到全球各地。俄羅斯擁有最大搭載量122噸的An-124魯斯蘭。An-124也被民間使用，自衛隊也在派遣海外時會當成包機使用。在2011年福島第一核電廠事故進行了混凝土泵車的運輸。

空中加油機

空中加油機是對飛行中的飛機在空中補給燃料的飛機，大部分是改造運輸機而成。藉由延長飛機的行動範圍與行動時間，能將它的能力提高數倍。如果對進行空中巡邏的戰鬥機加油，就能以少數戰鬥機持續長時間任務。假如攻擊機和轟炸機能延長續航距離，有時還能從美國本土向全世界出擊。

阿富汗戰爭開始時，美軍能使用的基地不在阿富汗國內及其周邊，不過多虧了空中加油機，飛機可以長時間停留在阿富汗上空，得以從空中支援地面部隊。

此外，如運輸機和轟炸機等沉重的機體，在起飛時往往消耗大量燃料，因此只裝載少量燃料讓機體減輕起飛，然後在空中接受加油加滿油箱，也是常用的手法。

擁有並運用空中加油機的國家是少數，在日本也是長年來，由於延長續航距離違反專守防衛的精神，所以擱置採購案。近年終於擁有1架KC-130H、4架KC-767J。

電子戰機

電子戰機能發出強大的電磁波使敵方雷達混亂、無力化，或是傳送模擬信號欺瞞友方的數量、位置與方向，是搭載了這些裝置的機體。這些電子戰用裝置，有時也以ECM（電戰反制）吊艙的形式安裝在一般戰鬥機或攻擊機上，不過電子戰專用機的長處是，配備了高輸出的**ECM裝置**。其他還配備了散布妨礙雷達波的干擾箔，或是朝著雷達飛行的HARM（反雷達飛彈）等。

專用的電子戰機有美國的EA/F-18G咆哮者、俄羅斯的Su-24MP、中國的Y-8 ECM、日本的EC-1等。

直升機

ROTORCRAFT

- 戰鬥
- 後方
- 直升機運送

現代戰必需的機動手段

讓旋翼（rotor）轉動，利用產生的升力飛行的航空器叫做**直升機**。相對於一般固定翼機藉由前進才會產生升力，直升機只讓旋翼轉動就會產生升力，因此可以垂直起降，同時也能在空中靜止（**懸停**）。活用這個特性，在軍隊也使用無數的直升機。

機種	記號
觀測／偵察直升機	OH
運輸直升機	CH
泛用直升機	UH
攻擊直升機	AH
反潛直升機	SH
掃雷直升機	MH

直升機首次作為軍用是在第二次世界大戰後期，之後經過韓戰，直升機進行開發，在越南戰爭進行了藉由直升機的直升機運送作戰。直升機配合用途誕生各式機種，強化武裝的攻擊直升機，和搭載專用裝備的反潛直升機與掃雷直升機也誕生了。表格揭示了依照任務的機種分類和在美國使用的分類記號。

- **觀測／偵察直升機**：小型輕快的直升機，擔負窺探敵軍動向的任務。躲藏在樹林中懸停，進行彈著觀測或雷射誘導飛彈的目標照射等。
- **運輸直升機**：搬運兵員、裝備、補給物資。在狹窄地方也能起飛降落，即使不能著地時也能一邊懸停一邊吊起吊下兵員和物資。大型機體能運輸數十名兵員，甚至是火砲、輕車輛，還能吊起回收破損的飛機。中型機體能載運約10名兵員，用於戰術移動。

- **泛用直升機**：能搬運10名左右的士兵和少量物資，藉由追加裝備進行各種任務。一般而言中型運輸直升機和基本型共通，為了追加裝備設計成有些空間。在救難、偵察、運輸、火力支援、反潛作戰等場面廣泛使用。
- **攻擊直升機**：吸收越南戰爭等經驗誕生的直升機，搭載反戰車飛彈和機關砲，攻擊戰鬥車輛等壓制地上。由於用於反戰車戰、反游擊戰、直升機運送部隊的近距支援和壓制著陸地點等攻擊性任務，所以具備良好的運動性，機體堅固具有防彈性。減少正面面積、機身細長，搭乘人員以不同方式配置，前面是射擊手，後面是操縱手。機首部分有迴旋式機關砲，在機體的重心位置有短固定翼，裝備反戰車飛彈和機關砲等武器。
- **反潛直升機**：配備探測潛水艦的裝置、聲納浮標和攻擊用魚雷。直升機在比較小型的艦艇也能起飛降落，由於能懸停使用吊下式聲納，所以在反潛作戰中占有重要的角色。
- **掃雷直升機**：用於發現並除去水雷的直升機，由於必需拖曳沉重的掃海具，所以使用大型直升機。

雖然傾斜旋翼機V-22魚鷹式是固定翼機，但是改變引擎的方向就能垂直起降，因此逐漸擔負直升機的部分任務。

直升機運送

利用直升機進行移動與戰鬥的作戰叫做**直升機運送作戰**。越南戰爭時直升機運送在實戰中大規模使用，當時投入越南的美軍第1騎兵師並非騎馬，而是搭乘直升機的「**空中騎兵**」。在被叢林覆蓋，道路並未整修的越南的土地，直升機在運輸兵員和物資扮演了重要的角色。之後直升機在所有戰爭中作為移動、運輸、攻擊手段被廣泛使用，在現代各國擁有**直升機運送部隊**作為快速部署部隊。此外，在東日本大震災等災害時直升機運送部隊在救助任務大顯身手。

對地攻擊武器

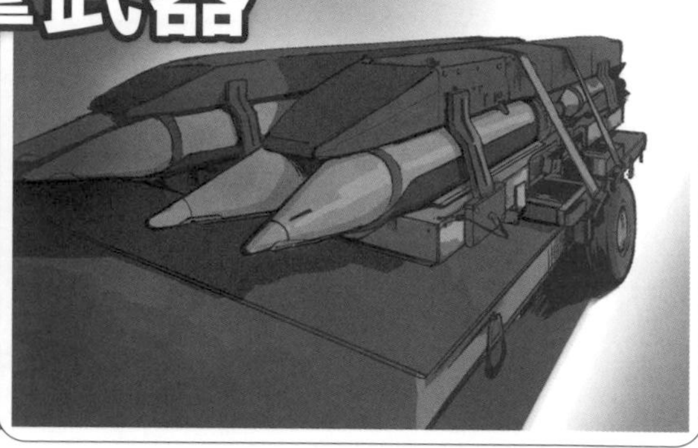

聰明的彈藥

以前說到飛機攻擊地面的手段，就是炸彈和機關砲，不過在現代有各式種類的**對地攻擊武器**。這些可以分成２種，投下後基本上交給重力的武器，和自己具備推進裝置飛行的武器。由於分別有各種種類，所以整理成表格如下：

有無推進裝置	有無導引系統	種類
自由落下兵器	無導引	一般炸彈
		集束炸彈
		空爆燃燒彈
	導引炸彈	雷射誘導飛彈
		電視畫面導引炸彈
		GPS 導引炸彈
飛翔兵器	導向武器	對地飛彈
		反艦飛彈
		巡弋飛彈
		反雷達飛彈
	無導向武器	火箭彈

自由落下兵器的炸彈是炸藥塞進容器的傳統兵器，最初是目測，接著使用光學瞄具對目標投下。在第二次世界大戰藉由轟炸機進行的都市轟炸，瞄準

也很隨便，是無差別地投下。

稱為**精確導引炸彈**的精密導向炸彈改變了這種非效率又非人道的攻擊方法。這是在一般炸彈上面安裝感應器和可動翼，**觀測員（Spotter）**對著目標照射雷射光，炸彈藉由感應器感測雷射光的反射，朝向它使用可動翼自動落下。

之後，安裝了相機的**電視畫面導引炸彈**登場後，不用照射雷射，就能從駕駛艙鎖定目標。在波斯灣戰爭，安裝在炸彈前端的監視器捕捉到的影像在媒體上發表，展現導引炸彈是二次傷害較少的兵器。

最近使用GPS，在預先輸入的座標資料落下的**GPS導引炸彈**也登場，此外也開發出具備多個導引系統的炸彈。此外，也有用於地下軍事設施的附導引系統的**貫通炸彈**。

集束炸彈也稱為**子母彈**，是收納許多小型炸彈如貨櫃般構造的炸彈。散布的小型炸彈，能殺傷廣闊地區的兵員。也能裝上計時器和感應器，還能發揮地雷的作用。但是經由《地雷禁止條約》及《集束彈藥公約》，也有禁止持有的動作。

空爆燃燒彈是堪稱燒夷彈進化型的炸彈，先藉由小爆炸向周圍散布霧狀的可燃性液體，然後延遲啟動的小型炸彈爆炸，對霧氣點火的設計。會對人產生致命的高溫、高壓力的衝擊波，也會對車輛和船艦造成巨大損害。空爆燃燒彈的爆炸伴隨巨大的蕈狀雲，對敵軍士兵造成的心理效果也很大。

高價的飛彈有特殊用途

和用於各種目標的炸彈不同，高價的**飛彈**用於特殊用途。**對地飛彈**是電視畫面導引，主要是對裝甲車輛使用的飛彈。**反艦飛彈**和**巡弋飛彈**是從**對空飛彈**威脅不到的地點朝向目標發射，藉由主動雷達導引或地形匹配導航系統捕捉目標。從飛機發射的巡弋飛彈有一部分安裝核彈頭。**反雷達飛彈**（HARM）會捕捉敵軍雷達發射的電磁波並朝它前進，由攻擊機和電子戰機運用。

巡弋飛彈

CRUISE MISSILE

兵器

技術

地形匹配導航系統

徹底改變戰略的精密無人特攻兵器

巡弋飛彈這個名稱，是指所有藉由渦輪噴射引擎或渦輪風扇引擎推進的反艦飛彈和對地飛彈，有時也指具備高度導引系統，長距離飛行攻擊戰略目標的飛彈。在本節將敘述後者，稱為**戰略巡弋飛彈**的飛彈。

巡弋飛彈是搭載渦輪風扇引擎，算是無人小型航空器的兵器。雖然速度不快，卻能長距離低空飛行，是能正確捕捉目標的兵器。

巡弋飛彈的開發原因是，想要開發不抵觸限制核武器配備數的戰略武器限制談判，可搭載核彈頭的全新種類兵器。像第二次世界大戰時德國開發的V-1和戰後美國開發的AGM-28獵犬，雖然以前有類似巡弋飛彈的兵器，不過巡弋飛彈與它們的決定性差異在於導引方式。

巡弋飛彈的導引方式是**地形匹配導航系統**（TERCOM），藉由相機捕捉飛行前進路線的地形，再與記在飛彈的記憶體裡的資料對照，如果有誤差就修正前進路線。記在TERCOM的地形資料，也是用來讓巡弋飛彈沿著地形低空飛行的資料。

巡弋飛彈從發射機經由火箭推進器發射後，使用小型輕量、燃料消耗少的渦輪風扇引擎藉由慣性導引飛行。比起V-1藉由脈衝噴射、獵犬藉由衝壓噴射飛行，渦輪風扇是適合巡弋飛彈的推進發動機。安靜，即使低空長距離飛行燃料消耗也少，因此美國的戰斧最新型射程達到3,000km。

經由慣性導引持續飛行的巡弋飛彈，來到海岸線等特殊地形會使用TERCOM修正前進路線，取得正確的前進路線朝向目標繼續低空飛行。然後到達目標地點，將目標圖像和記憶體圖像對照的DSMAC系統會啟動，正確地衝向目標。在全新類型的飛彈，將從GPS獲得的位置情報，用於在特徵少的地形上空飛行時，和最終階段的前進路線修正時。因為這些多個正確的導引系統，像是戰斧，發表的命中誤差率為10公尺以內。

在美國從1980年代B-52轟炸機搭載空中發射巡弋飛彈，接著水上艦、潛水艦搭載用巡弋飛彈進行配備。巡弋飛彈在波斯灣戰爭、伊拉克戰爭和阿富汗戰爭用於對固定目標的精密攻擊，不過在那之前也曾朝向阿富汗和蘇丹境內的賓拉登的恐怖組織營地設施發射。

表格中整理出主要的巡弋飛彈，開發巡弋飛彈需要高度技術，這點美國大幅領先其他國家。

巡弋飛彈	發射平台	彈頭
RGM/UGM-109E/H（美）	水上艦／潛水艦	一般彈頭
AGM-86C ALCM（美）	空中發射	一般彈頭
AGM-129 ACM（美）	空中發射	核彈頭
Kh-55グラナト（俄）	空中／潛水艦／地上	核彈頭
DH-10（中）	不明	不明

巡弋飛彈

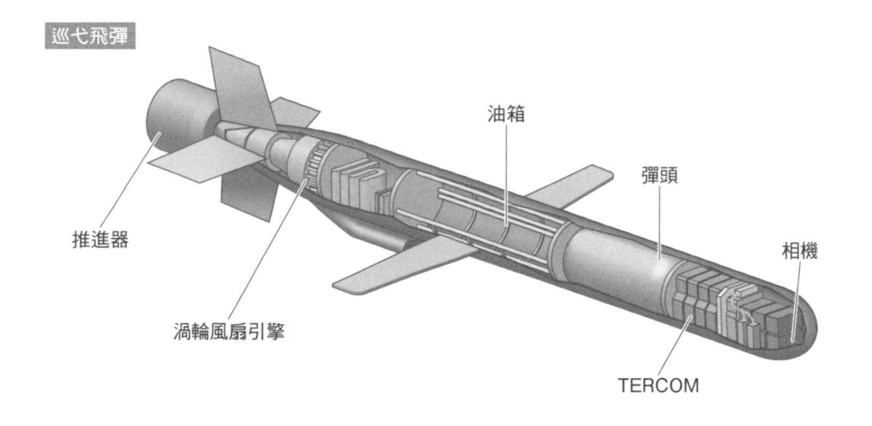

無人機取代有人機？

無人機近年在軍事領域完成驚人的進化。以前就有意思是無人搭乘的無人機，稱為**遙控無人機**（RPV：Remotely Piloted Vehicle），在越南戰爭、中東戰爭和波斯灣戰爭等大顯身手。

RPV用來搭載炸藥攻擊，或是用來偵察、砲兵觀測、當成對敵軍防空系統的誘餌等。另外有時會把老飛機的機體改造成RPV，作為演習的靶子。RPV大多是透過外部的無線指令飛行，這只是飛行員在機上，或在機外的差別。空拍機也算是其中一種。

相對於此，**UAV**（無人飛機：Unmanned Air Vehicle）基本上是指能夠自律飛行的類型。UAV會自己一邊確認位置一邊自己發出操縱指令。因此，在電腦技術發展之前算是無法實現的機體。當然電腦故障，或是機體出現問題時操作員能夠介入。依照機種，人在本國的操作員，還能在中東運用UAV。和大多是拋棄式的RPV不同，一般情形UAV是回收後再使用。

UAV的特色是，第一不用擔心人的損害。飛行員陣亡或變成俘虜會刺激輿論，尤其俘虜被抓在外交上也會變得不利。第二是能夠長時間飛行。機械不會疲勞，或是肚子餓，也不會為生理需求煩惱。

UAV的分類與任務

UAV依照尺寸與能力如下分類。舉例的皆是美國開發、配備的機種。

HALE（高高度、長時間飛行）型UAV

以RQ-4全球鷹為代表，在高度1萬～2萬公尺運用，具備20～30小時的滯空時間。因為也是大型機體，所以能搭載許多感應器類。透過通信衛星的數據鏈結進行運用。任務是**偵察、收集情報、廣域監控**，可說是U-2偵察機那種**戰略偵察機**。在東日本大震災時，在福島第一核電廠的上空收集情報。

MALE（中高度、長時間飛行）型UAV

以RQ/MQ-1掠奪者、MQ-9收割者為代表，在高度5,000～1萬公尺運用，具備10～20小時的滯空時間。透過通信衛星的數據鏈結進行運用。任務是**偵察、收集情報**，MQ-1和MQ-9也具備**戰鬥能力**。MQ-1對地上用配備地獄火反戰車飛彈，對空用則有刺針對空飛彈。藉此實現縮短所謂的**殺傷鏈**（從發現目標到攻擊結束的步驟），例如，發現重要恐怖分子就立刻攻擊等任務變得可能。在伊拉克戰爭之前，與伊拉克軍機遭遇的MQ-1朝伊拉克軍機發射了2發刺針飛彈。結果MQ-1被擊墜，雖然未確認伊拉克軍機變得如何，不過這成了史上第一次有人機與無人機的空戰。

戰術UAV

由陸上部隊運用的各式各樣小型UAV，尺寸、形狀像遙控飛機般。使用往復式引擎或電動馬達推進。除了用來**偵察**市區、丘陵、森林等障礙地形前方的狀況，也用於營地周邊的**警備**。這種小型的自律飛行能力較差。

旋翼型UAV

有MQ-8火力偵察兵等，能夠**垂直起降**。也有將直升機UAV化，用來**運輸物資到前線**的構想。

地對空飛彈

SURFACE TO AIR MISSILE

技術

SAM

綜合防空設施

對空飛彈的種類

地對空飛彈（**SAM**：Surface to Air Missile）是為了破壞侵入的敵軍飛機或飛彈，從地上發射的飛彈。雖然在廣義也包含從船艦發射的飛彈，不過在此敘述從地上發射的飛彈。SAM依照有效高度（能因應的最大高度）、有效射程與運用方法可分成以下4種：

★ 高、中高度防空用SAM

有效高度1萬公尺以上，有效射程30km左右的飛彈。除了配備在上級司令部直轄的對空部隊，也以補足迎擊機的形式擔負**國土防空**。像後者的情況，通常配備在空軍，在日本愛國者飛彈也配備在航空自衛隊。這種SAM有美國的愛國者飛彈及鷹式飛彈、俄羅斯的S-300、日本的03式中程地對空飛彈等。雖是雷達導引式，不過由於雷達和飛彈本體實在太大，所以是固定使用，或是發射裝置、管制裝置、雷達裝備和發電機等各別由不同車輛搭載移動。

愛國者飛彈是從超低空到高高度都能涵蓋的對空飛彈，藉由相位陣列雷達同時掌握多個目標，高速處理友敵鑑別與攻擊優先順序等，按照射控系統的指示將飛彈導引至目標。這點基本上和神盾系統相同。

愛國者飛彈的最新型PAC3活用高性能，也用於**彈道飛彈防禦**。

短距離防空用SAM

有效高度不到1萬公尺，有效射程數km的飛彈，用於**師團和旅團的野戰防空**。雷達導引式，在大型車輛搭載雷達、發射機等一套系統，就能與部隊同行。如美國的欉樹飛彈、俄羅斯的9K330道爾、日本的81式短程地對空飛彈及11式短程地對空飛彈等。

近距離防空用SAM

雖是作為**旅團與大隊防空**用的飛彈，不過基本上攜帶用SAM已經車載化。如野戰悍馬搭載刺針對空飛彈的美國的復仇者飛彈、高機動車搭載91式便攜地對空飛彈的93式近距離地對空飛彈，機動性高的車輛搭載數發便攜SAM。

便攜SAM

個人攜帶的小型、輕量的飛彈，有效高度不到5,000公尺，有效射程數km的飛彈。如美國的刺針對空飛彈、日本的91式便攜地對空飛彈等。使用紅外線導引等導向。

刺針對空飛彈在阿富汗紛爭被供應給伊斯蘭游擊隊與前蘇聯軍戰鬥因而聞名。神出鬼沒的游擊隊扛在肩上的刺針對空飛彈大顯神威，在1986年6月～1987年3月約半年間擊墜的蘇聯軍130架運輸機和直升機之中，發表了有9成是刺針對空飛彈的戰果。

COLUMN **綜合防空設施**

在此介紹不同射程的飛彈混搭配置，突破一個還有另一個對空飛彈因應，這種多層的防空系統稱為**綜合防空設施**（複合體）。綜合防空設施在最近距離的防空有時會加上機關砲。系統整體裝載在車輛上，跟隨前進的地上部隊，可以經常防衛上空。

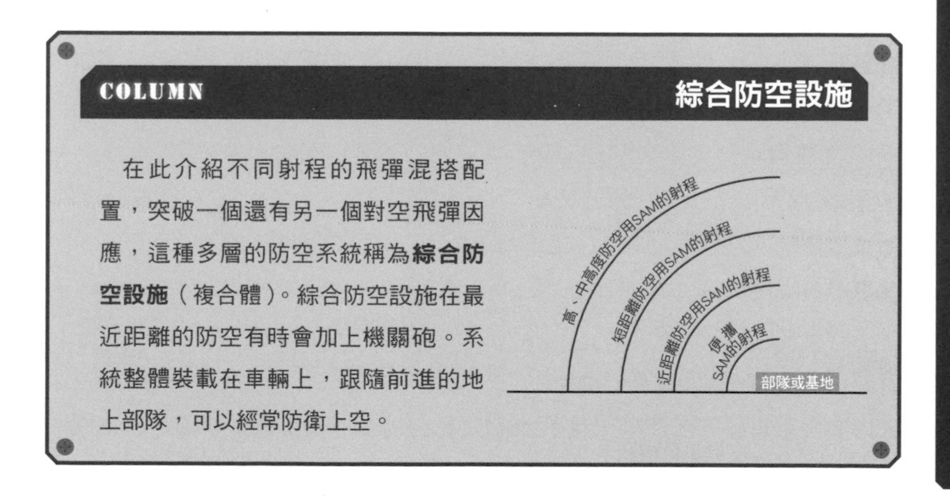

V/STOL機

不需要滑行跑道的固定翼機

不用滑行，能垂直起降的航空器稱為**垂直起降機**（VTOL：Vertical Take-Off and Landing Aircraft），可以短距滑行起飛降落的航空器則稱為**短距起降機**（STOL：Short Take-Off and Landing Aircraft）。雖然直升機也能垂直起降，但是不包含在垂直起降機，通常只指固定翼機。

不過，由於垂直起降會大量消耗燃料，所以機體重量不能很重。於是使用能用的滑行跑道，在短距離起飛降落。因此，垂直或短距起降的機體，就稱為**V/STOL機**。

其實能稱為V/STOL機的機體只有3種機種。分別以下述不同的方式實現V/STOL。

- **推力轉向式**：改變引擎的排氣噴嘴的方向，起飛降落時向下即可獲得向上的推力。
- **升力發動機式**：與水平飛行用的引擎不同，安裝起飛降落用的引擎。
- **升力風扇式**：從引擎供給動力，藉由只在起飛降落時啟動的升力風扇獲得向上的推力。

以下介紹採用各自方式的3種V/STOL機。

獵鷹式

英國的獵鷹式是全世界第一架實用V/STOL機，採用推力轉向式。構造比較簡單，將機身中央搭載的引擎的推力分散到前後左右4處排氣噴嘴，噴嘴從向下改成向後就能順暢地實現從垂直起降轉變成水平飛行。缺點是起飛降落時燃料消耗很多，無法超音速飛行，不過獵鷹式和在美國改良的AV-8B獵鷹II式，包含英國、美國在內被許多國家使用。

Yak-38鐵匠

前蘇聯開發的Yak-38鐵匠採用升力發動機式。起飛降落時藉由噴嘴讓主引擎的推力轉向，同時使用安裝在前面的2台升力發動機獲得向上的推力。升力發動機在水平飛行時變成只是「重物」，所以該機的能力並不充分。雖然Yak-38配備在基輔級航母，但是並非能在實戰中使用的水準。

前蘇聯繼Yak-38之後開始開發Yak-41。這個機體也是搭載2台升力發動機。使用讓主引擎的排氣口旋轉能夠向下，因為附有後燃器，所以應該也能超音速飛行，但是結果由於俄羅斯財政困難，於是Yak-41中止開發。

F-35閃電II式戰機

美國的F-35閃電II式戰機除了空軍型、艦載型，還有具備STOLV能力型(F-35B)。所謂STOLV是指短距離起飛垂直著陸，雖然不能垂直起飛，不過可以幾乎當成V/STOL機運用。

追求超音速飛行的F-35採用了升力風扇。升力風扇只在起飛降落時啟動，動力是從主引擎經由離合器和軸傳導。雖然構造變得複雜，不過比起升力發動機較為輕量。主引擎的排氣口採用Yak-41的專利技術，可以讓它旋轉向下，也能使用後燃器。

F-35B除了正要配備在美國陸戰隊和英國，在義大利、土耳其也正在研議採用。

航空團與空軍基地

▼AIR WING & AIR BASE▼

▶ 組織 ◀

▶ 後方 ◀

▶ 軍制 ◀

空軍的編制單位

空軍也和陸軍擁有同等的編制單位，全軍具有如表格的階層構造。空軍最小的編制單位在飛機是**飛行隊**。雖然有看過軍用機組成編隊飛行，不過除了儀式和展示，複數機種組成編隊行動很罕見。因為每種機種的特性與任務都不同。例如，如果速度不同的機種組成編隊，快的機體就必須配合慢的機體，因此就無法完全發揮性能。必須是同種類的、速度、運動性能、續航距離一樣的飛機才能共同行動。

飛行隊聚集數支就組成**飛行群**（運用群）。雖然飛行群也會由F-4的飛行隊與F-15的飛行隊等，以機種不同的飛行隊組成，不過一般假如是戰鬥機就全都由戰鬥機組成。**航空團**是包含整備部隊等支援部隊的大型組織。此外，依照所屬的軍用機種類，有時稱為戰鬥飛行隊、轟炸飛行群、戰鬥航空團等。最近由戰鬥機和其他飛機組成的**混合航空團**也誕生了。

編制單位	解說
飛行隊（Squadron）	戰鬥機18～24架、轟炸機8架左右、偵察機和監視機等有時是1～2架。指揮官是少校。
飛行群（Group）	由2～4支飛行隊組成。指揮官是中校。
航空團（Wing）	由1～數支飛行群及地上的支援部隊組成。指揮官是上校或准將。
空軍（Air Force）	由數支航空團組成。指揮官是少將。

空軍這種編制單位，會有「第五航空軍」等用法，因此為了與表示整體的「空軍」有所區別，有時稱為**數字空軍**。

航空團的家

空軍基地是航空團的根據地，除了所屬的航空部隊，還有航空管制、訓練部隊、整備部隊、後勤部隊、運輸部隊、醫療部隊等常駐。一座基地設有一支航空團，原則上航空團的司令官兼任基地的司令官，不過也有例外。有時因為各種情況會有不屬於基地航空團的航空部隊同時存在。這種情況下，司令官與基地的司令官相同部隊稱為**主駐單位**，其他部隊稱為**配列單位**。

從理想來說，雖然一座基地具有的機種少管理比較簡單，不過不太能如此。在美國近年也進行基地的合併，實際情況是今後會變得如何並不清楚。派遣海外的部隊，也經常與他國的空軍部隊同駐，這稱為**聯合基地**。

在機場和飛行場地點有限的日本，實際情況是航空自衛隊與民間機同時存在的**共用機場**比較多。尤其那霸基地，由航空自衛隊、海上自衛隊、陸上自衛隊、海上保安廳、以及民航機（民間航空公司稱之為那霸機場）使用，在運行管理方面和安全保障方面都不令人滿意。

無論戰時或平時，飛機待在基地的時間當然比飛在空中的時間還要長。雖然V/STOL機起飛降落不需要基地，即便如此考量到補給與整備，從基地出動作戰更有效率。

在基地飛機隱藏在**防空壕**（掩蔽壕）裡。防空壕留出間隔建築，能把攻擊的被害控制在最小範圍。油槽埋在地下，彈藥庫也是即使遭受攻擊也能將損害控制在最小範圍，被嚴密地防禦。

漫畫《戰區88》是描寫傭兵飛行員們的故事，他們以虛構國家的空軍基地「戰區88」為據點。傭兵飛行員們搭乘的戰鬥機從美國製到前蘇聯製琳瑯滿目，作為漫畫非常值得一看。然而從基地的立場來看，不僅彈藥與更換零件的置辦非常不得了，整備的工作人員們也肯定非常辛苦。

航空自衛隊

進行防空指揮的航空總隊司令部

航空自衛隊的**戰鬥機部隊**皆隸屬於**航空總隊**。航空總隊除了戰鬥機部隊，也總括**高射部隊**和**警戒管制部隊**等擔負防空的部隊。**航空總隊司令部**為了與美軍的共同運用順利，設置於在日美軍橫田基地內，由空將（中將）指揮。

航空總隊底下每個地區設有北部航空方面隊、中部航空方面隊、西部航空方面隊、西南航空混合團，總括各地的部隊。此外還有直屬航空總隊的**警戒航空隊**，運用預警機和預警管制機。

戰鬥機部隊有6支航空團和1支航空隊，在**防衛大綱**制定的總計12支飛行隊隸屬於各航空團及航空隊。飛行隊的細目是F-15飛行隊7支、F-2飛行隊3支、F-4飛行隊2支。飛行隊的定數是18架＋預備機，在政府決定的防衛大綱總計維持約260架。

希望F-4更新

航空自衛隊的F-4（F-4EJ）從1970年代到1980年代初期配備，現在仍在運用的2支飛行隊的F-4EJ改，雖然中間接受近代改修，卻已經達到年限。防衛省在2011年底選定美國的F-35A作為下期戰鬥機（F-X），在2012年度預算列入最初4架的採購費用等，以此為開頭計畫取得約40架，在2016年開始完成機的交貨。完成的F-35依次配備在三澤基地。預料老朽化的F-15也設想選定F-35作為更新機，並且預計再採購100架以上。

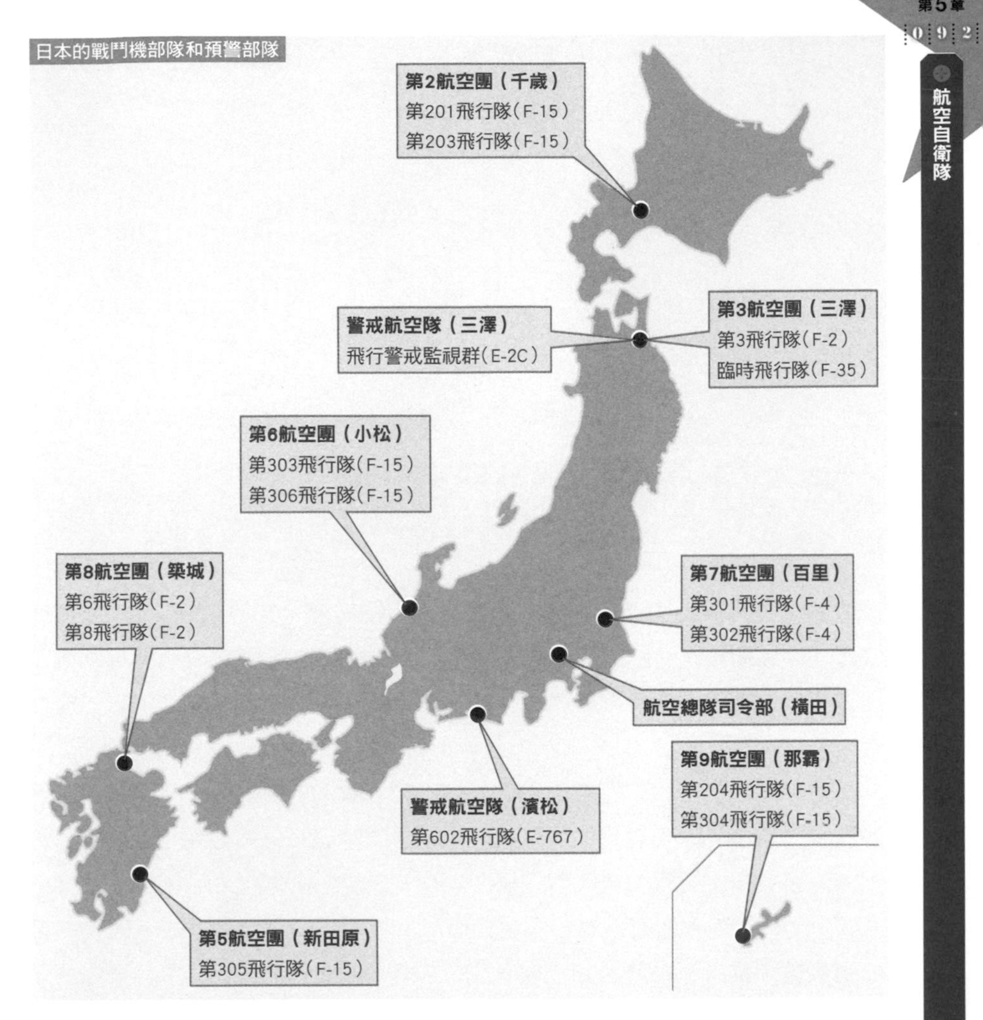

COLUMN 航空自衛隊的一級司令部

航空自衛隊有五個**統括組織**（一級司令部）。一是**航空總隊**，統括防空相關的實戰部隊。**航空支援集團**負責救難、運輸、管制。**航空教育集團**負責一般教育、飛行教育等隊員的培訓。**航空開發實驗集團**負責航空器和裝備的開發。**航空自衛隊補給本部**負責後勤。其他還有通信隊、警務隊等各種部隊，戰鬥機才能實施防空作戰。

彈道飛彈防禦

彈道飛彈

所謂**彈道飛彈**是指，只有發射初期藉由火箭推進（助推階段），之後慣性飛行（中期階段），畫出彈道軌道落下（末期階段）的飛彈。依照尺寸與運用方式，分類成**洲際彈道飛彈**、**潛射彈道飛彈**、**戰區彈道飛彈**（中程彈道飛彈、大浦洞等）等。

在1960年代開始配備彈道飛彈時，也開始研究防禦的手段。結果，雖然開發出**反彈道飛彈**（ABM），卻很難正確地迎擊以20倍音速的超音速落下的洲際彈道飛彈，迎擊的飛彈也搭載核彈頭，只能藉由核爆炸破壞落下的彈道飛彈。另一方面，也有人認為擁有對彈道飛彈的防禦手段，就表示不會猶豫展開核戰。結果，美蘇之間締結《反彈道飛彈條約》，限制了彈道飛彈的配備（在2002年失效）。

如果在自國上空發生核爆炸，當然對地上必定會產生傷害。因此進行了研究，如藉由雷射光破壞飛彈的方法，以及讓直接迎擊飛彈衝撞以動能破壞的方法（KEK）。美國在1980年代開始致力於開發，規劃了配備在太空的**戰略防衛構想**（SDI）。然而也被稱為**星戰計畫**的SDI，果然碰上了技術問題，隨著冷戰終結自然消失了。

然而北韓和許多國家持有戰區彈道飛彈後，彈道飛彈防禦的必要性再次受到矚目。

戰區彈道飛彈防禦

全新持有戰區彈道飛彈的國家也被懷疑正在開發核武器，於是誕生了美國主導的**戰區彈道飛彈防禦**（TMD）。TMD的對象是射程80～3,000km左右，落下速度也大約為6倍音速的戰區彈道飛彈。這種飛彈進行的飛彈迎擊在波斯灣戰爭首次在實戰中進行。沙烏地阿拉伯瞄準以色列發射了伊拉克的飛毛腿飛彈，遭到美國的愛國者飛彈迎擊。發射的飛毛腿飛彈發出高溫排氣，被監視衛星的紅外線感應器捕捉到，這個情報傳送到美國的北美防空司令部（NORAD），在此分析飛彈的情報並將數據傳送到波斯灣地區的愛國者飛彈。這段期間僅僅7分鐘，簡直是一紙之隔的迎擊。

TMD為了應付全世界的威脅，被要求能夠移動，由從陸上發射的長射程THAAD飛彈和愛國者飛彈PAC-3，從船艦與陸基神盾發射的標準飛彈SM-3所構成。這些全都採用KEK方式，直接衝撞彈道飛彈企圖破壞。

另外，雖然還在實驗階段，不過也有在B-747等大型機搭載雷射武器，擊墜彈道飛彈的計畫。稱為**機載雷射**（ABL）的這種武器，在彈道飛彈還在發射國家的上空的助推階段就能破壞。由於助推階段頂多只有5分鐘左右，所以只有雷射武器能應變。雷射利用讓化學物質產生反應的化學雷射，雖然使用B-747等大型機能搭載勉強發射幾次的化學物質，不過能否實用化仍是未知數。

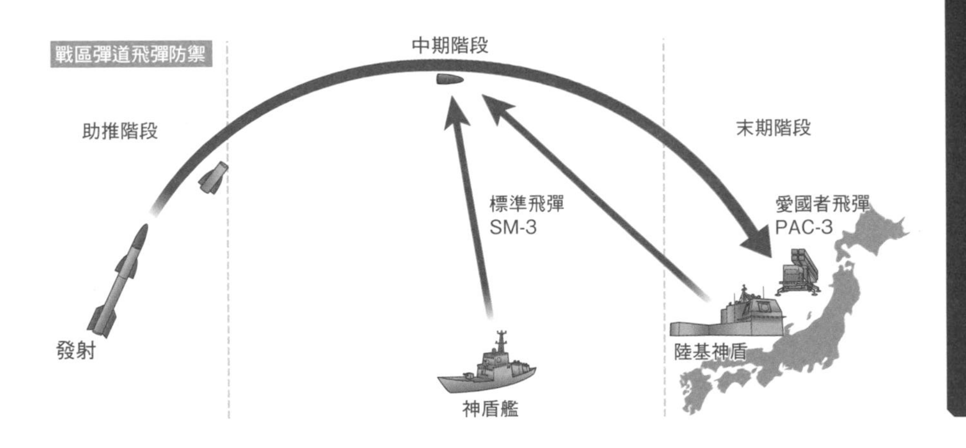

COLUMN 兵器與艦艇的名稱

兵器與艦艇的名稱有各種命名規則。像自衛隊的情況，兵器與車輛取制式化的那一年後面2位數，命名為「10式戰車」（2010年制式化）等。像艦艇的情況，相當於驅逐艦的護衛艦取「初雪」、「高波」等與自然現象有關的名稱；神盾艦是「金剛」、「高雄」等山的名字；大型直升機護衛艦是「伊勢」、「日向」等古國名；小型護衛艦則是取了「阿武隈」、「利根」等河川的名字。飛機是以F-2、F-4等型號來稱呼。

像美國的情況，戰鬥車輛有「巴頓」、「艾布拉姆斯」、「布雷德利」等，將軍的名字很常見。航母如「羅納德・雷根號」、「喬治・H・W・布希號」，大多是總統或對海軍發展有貢獻的政治家的名字。雖然「吉米・卡特」是前總統的名字，不過由於本人曾經是潛水艦船員，所以變成了海狼級潛水艦的名字。通常潛水艦是取都市或州的名字。其他，巡洋艦和登陸艦大多是過去獲得勝利的戰場名字，驅逐艦則是取立下戰功的艦隊司令官或海軍士兵的名字。

德國的裝甲車輛經常使用「虎式」、「豹式（Panther）」、「貂鼠式」、「豹式（Leopard）」、「美洲獅」、「山貓」等貓科動物的名字。既強悍，又可愛。

各國航母等大型船艦通常是取有威嚴的名字，如法國的「夏爾・戴高樂號」、西班牙的「胡安・卡洛斯一世號」、英國的下期航母「伊利莎白女王二號」等為其代表。此外，在英國和俄羅斯艦艇取「勇敢」（英：Courageous，俄：Бесстрашный）或「無敵」（英：Invincible，俄：непобедимый）等形容詞也很常見。

也有例子是在名稱下工夫，讓人知道那是哪種系列。英國戰車的名字像「挑戰者（Challenger）」、「Chieftain（酋長式）」等一定是從「C」開始。這是以前的傳統，因為在英國把機動性高的戰車稱為巡航戰車（Cruiser Tank）。英國就連艦艇名稱也是同型艦的英文字首一致，如命名為「康瓦爾級（Cornwall）」、「坎伯蘭號（Cumberland）」、「坎貝爾敦號（Campbeltown）」等。

在思考獨創名稱時敬請作為參考。

MILITARY ENCYCLOPEDIA

第6章

特種部隊作戰

特種部隊
正規戰
戰略、民事作戰
突擊、反恐作戰
長距離偵察
戰鬥救難
特種部隊的裝備
特種部隊的訓練
自衛隊的特種部隊

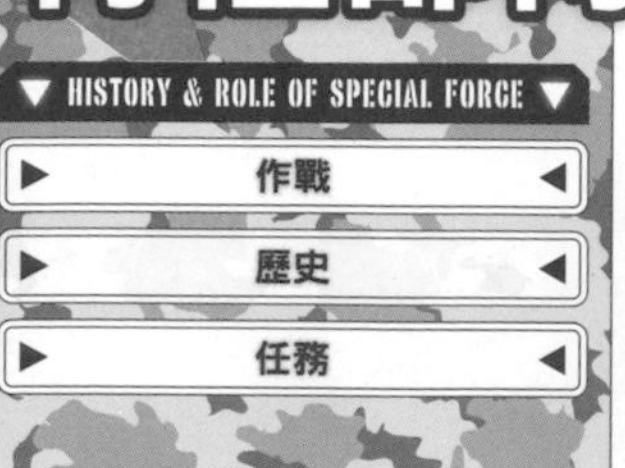

特種部隊在第二次世界大戰登場

現代的**特種部隊**（Special Force）在第二次世界大戰時登場。德國情報部在戰爭前創設後來稱為布蘭登堡部隊的特種部隊。據說創設時參考了第一次世界大戰時阿拉伯的勞倫斯進行的戰鬥，以及在非洲殖民地進行的非正規戰。這支部隊聚集許多精通外語的人，有時身穿敵軍軍服滲透敵方勢力圈，占領或破壞橋梁與隧道等重要設施。活動的舞台不只歐洲，也侵入北非、查德、伊拉克、伊朗、阿富汗等地，除了偵察，還支援反英勢力並進行破壞活動。

另外，第二次世界大戰初期居於劣勢的英國，為了向德國反擊，編組了輕裝備的奇襲部隊**突擊隊**。突擊隊這個名稱取自在第二次波耳戰爭（1899～1902）使英軍陷入苦戰的波耳人民兵組織，如今成了特種部隊的代名詞之一。突擊隊從挪威到地中海沿岸在全歐洲對德軍展開了游擊戰。其中一部分獨立成**SAS**，主要任務是擾亂後方和破壞工作。

美國參戰之後的1942年設立遊騎兵部隊作為奇襲部隊，目的是擾亂後方的特種部隊（第1特殊任務部隊），以及在敵軍占領地區進行情報、諜報活動的OSS（CIA的前身），進行各種任務。

這些部隊成為現代特種部隊的原型。戰後，除了因應非正規戰，維持治安和反恐作戰也變成特種部隊的任務，最後進化成專精於各個任務的各式各樣特種部隊。

特種部隊的任務

在電影和電視劇中提到特種部隊，經常接到短期間結束的突擊任務，觀眾只會注意到海豹突擊隊或三角洲部隊那些「浮誇」的行動。然而，特種部隊的任務如同下述涉及多方面，其中有些不會伴隨戰鬥。

- **正規戰**：進行登陸、空降、山岳戰等困難的軍事作戰。
- **戰略、民事作戰**：長期在友好國家進行戰鬥訓練和民事支援。
- **長距離偵察**：侵入敵方勢力區域進行偵察。
- **反游擊戰**：掃蕩游擊隊。
- **突擊、反恐作戰**：襲擊敵軍的據點，或是救出人質。
- **戰鬥搜索與救援**：在敵軍勢力下進行救難行動。

由一支特種部隊進行這些所有任務非常困難。雖然突擊任務要求高度戰鬥技術，但是以使用衝鋒槍等武器的近身戰鬥為主，作戰也在短時間內結束，所以不需要戰鬥用以外的多餘裝備。正規戰除了特殊任務，由於必須和一般部隊同樣進行戰鬥，所以部隊也需要規模，必須準備好重裝備和一定程度的長期戰。特種部隊在寫故事時是絕佳的素材，在自己的故事中讓特種部隊登場時，必須設定符合各個任務的編制與裝備。

英國的SAS以完成各式各樣的任務為人所知。SAS參與福克蘭群島紛爭，或是在北愛爾蘭進行反恐作戰，也進行長距離偵察或民事作戰。雖然細節不明，不過想必是依每支**中隊**（SAS內的隊）分配任務。

此外，雖然本書並未提到，不過各國有如美國的SWAT、德國的GSG-9、俄羅斯的阿爾法小組等警察、保安型的特種部隊，進行救出人質或反恐作戰。這些部隊裝備衝鋒槍、突擊步槍、狙擊步槍等，也和軍隊的特種部隊合作進行作戰。在日本的警察特種部隊，有設置在警視廳和部分縣警本部的**SAT**（Special Assault Team），和海上保安廳的**特殊警備隊**（SST：Special Security Team）等。

另外，據說許多前特種部隊隊員會被民間軍事公司僱用，或許與人脈和技術這兩點有關係。

正規戰

投入「一般」卻難以達成的軍事作戰

一部分的特種部隊會投入雖然一般部隊也能進行，卻難以達成的軍事作戰。美國遊騎兵、英國突擊隊和俄羅斯特種部隊等屬於此類。另外，各國的空降部隊和陸戰隊也可謂相當於這種部隊。這些部隊與其說是特種部隊，或許應該稱為比一般部隊熟練度更高的菁英部隊。以下介紹幾項特種部隊進行的軍事作戰。

侵占阿富汗的俄羅斯特種部隊

1979年，前蘇聯以10萬兵力進攻阿富汗，前蘇聯軍的特種部隊攻擊了堪稱阿富汗中樞的總統宮殿。特種部隊與KGB的阿爾法部隊合作衝進總統宮殿。保衛阿明總統和宮殿的約150名阿富汗政府軍，是對阿明總統宣誓效忠的親衛隊，前蘇聯軍認為如果讓他們活著逃走，對之後的占領政策會帶來不良影響。被命令抹殺阿明總統和親衛隊的特種部隊，使用榴彈砲破壞宮殿牆壁，然後從破洞衝進去。雖然阿富汗兵拚命抵抗最後全滅，不過特種部隊也有將近50名人員傷亡。

福克蘭群島紛爭的突擊隊

在福克蘭群島紛爭，英國除了投入3支突擊隊大隊、2支空降大隊，2支SAS中隊、SBS也參加，呈現特種部隊大集合的情況。

要奪回福克蘭群島，需要突擊隊的登陸作戰能力和空降部隊的直升機運送能力。此外，雖然數量少的英軍必須讓島上的阿根廷軍飛機無力化，不過藉由SAS和SBS突擊爆破，以及導引艦砲射擊達成了。這些部隊原本也是北約軍的快速部署部隊，早已做好遠征的準備。並且，在當時預測的與舊東方陣營的戰爭，預料會在挪威等地形險峻的地區行動，而訓練、準備的成果在地形起伏大的福克蘭群島也有效發揮。藉由這些特種部隊大顯身手，英軍打敗數量多的阿根廷軍，成功奪回福克蘭群島。

入侵格瑞那達的遊騎兵

1983年，美國憂心加勒比海上的小國格瑞那達誕生親蘇政權，決定對格瑞那達軍事介入。遊騎兵擔任進攻的先鋒。遊騎兵利用降落傘空降在格瑞那達的機場降落，立即成功壓制。確保機場的美軍利用運輸機接連派來增援，3天便壓制格瑞那達全島。

因為與毒品組織有關的理由，遊騎兵也參與了1989年實施的入侵巴拿馬行動。

波斯灣戰爭的特種部隊

在波斯灣戰爭美國特種作戰軍讓規模9,000名的特種部隊參與。波斯灣戰爭是正規軍的大規模戰鬥，因此特種部隊沒被賦予與伊拉克軍正面交戰的正規戰任務，而是投入欺敵作戰和長距離偵察任務。

阿富汗戰爭的綠扁帽

獲得高科技裝備與情報網路支援的綠扁帽，在2001年侵入阿富汗。他們活用外語能力擔任美軍與北部同盟軍的聯絡角色。此外，直接確認塔利班的據點，通知上空的攻擊機與轟炸機位在何處，使用精密導向炸彈精準地擊破。

塔利班也因為突然來襲的精密轟炸逐漸喪失士氣，被美國支援的北部同盟軍打敗。

戰略、民事作戰

軍事訓練以及與當地居民建立信賴關係

特種部隊的任務不只戰鬥。**綠扁帽**（Army Special Forces：美國陸軍特種部隊）本身就是非正規戰的專家，也會進行長距離偵察或突擊作戰，不過目前重點擺在指導友好國家的軍隊組織，或是與當地居民建立合作關係的民事作戰。因此綠扁帽平時被派遣至世界各地的友好國家，作為外交政策的一環，指導當地的軍隊組織。對友好國家的軍隊進行特種作戰和反游擊戰的訓練，也是反游擊戰、反恐作戰的一環。

★ 對當地軍隊、警察的訓練

1952年誕生的美國的綠扁帽，數年後被派遣至南越。1961年就任美國總統的甘迺迪，預測今後非正規戰的時代將會到來，對特種部隊表示理解。甘迺迪准許部隊戴上綠色貝雷帽，之後他們被稱為綠扁帽。

綠扁帽在南越創設特種部隊和遊騎兵部隊並進行訓練。另外也成功地把越南山岳民族拉到自己這一邊。這是CIA策畫的山岳民族的武裝、獨立化，並由綠扁帽執行。這時藉由進行醫療等支援，獲得山岳民族的信賴，可說是之後民事作戰的先驅。

冷戰下在世界各地當地政府與共產游擊隊作戰。雖然美國必須守住友好國家的政權，不過派遣軍隊一事在國內輿論上、在當地居民情感上也會造成問題，話說也不能派遣美軍到所有地方。因此才會指導當地的軍隊，間接地在反游擊戰取得勝利。

阿富汗戰爭的綠扁帽

2001年九一一襲擊事件後，綠扁帽被派遣至阿富汗，與對抗塔利班的北部同盟建立合作關係。綠扁帽對北部同盟軍指導戰術和部隊編組，援助武器，共同與塔利班作戰。但是並未直接指揮戰鬥，始終不打破顧問的立場。

他們也進行了民事作戰。民事作戰也稱為**CMO**（Civil-Military Operation），就是與當地居民建立信賴關係。在交通不便、治安差的阿富汗的山岳地帶，提供居民食物、醫藥品和醫療設備，有時也支援建設醫院和學校等，在食物、醫療、教育領域進行支援，恢復治安，正是抓住當地居民的心的最佳方法。這種手法也叫做「**民眾的心智**」，如此獲得當地人們的協助，讓游擊隊和居民分離就是民事作戰最大的目的。假如與居民建立信賴關係，就能取得當地最新情報，居民也會變成積極地通知游擊隊消息的情報提供者。並且，也有助於讓媒體和國際輿論站在自己這一邊。此外，有時能混進當地的一般人之中收集情報。

與游擊隊的戰鬥無法僅憑突擊作戰解決。因為戰鬥會造成犧牲者，又製造新的敵人。

在民事作戰中最重要的武器是語言，以及對當地文化的理解。因此在民事作戰需要智力高的人才。

在伊拉克的特種部隊

伊拉克戰爭後，綠扁帽訓練了伊拉克軍及伊拉克警察。此外，英國的SAS在巴斯拉等英軍負責地區除了執行相同任務，也在伊拉克北部對庫德人勢力進行軍事指導。

近年來不只綠扁帽，在美國的許多特種部隊，戰略、民事作戰逐漸變成主要的任務。

突擊、反恐作戰

ASSAULT & COUNTER-TERROR

- 非正規戰
- 歷史
- 賓拉登

需要高水準的戰鬥技術

在特種部隊之中，有些部隊的主要任務是**突擊救出人質**與俘虜或**反恐作戰**。美軍的**三角洲部隊**及**DEVGRU**（海豹六隊）屬於這一類，英國的**SAS**也視為任務之一。因為救出作戰的前提是衝進屋內，所以除了具備高度近身戰鬥技術，也要熟習特殊裝備。類似的部隊還有俄羅斯的阿爾法小組、德國的GSG-9等警察與治安部隊的特種部隊。軍隊的特種部隊與警察、治安部隊的特種部隊差別在於遠征能力與交戰規則。軍隊以海外作戰為前提，不過警察原則上是在國內活動。此外，警察會逮捕犯罪者，不過在軍隊只要不投降就視為攻擊對象。以下介紹特種部隊的突擊作戰。

★ 鷹爪行動

1979年，發生了德黑蘭的美國大使館被伊朗的學生團體占據，大使館人員變成人質的事件。事件長期化，隔年1980年美軍策畫人質奪回作戰「鷹爪行動」。由新設立不久的陸軍三角洲部隊64名隊員負責執行，海軍與空軍負責運輸部隊。三角洲部隊利用空軍的運輸機，於設在伊朗境內沙漠的集合地點著陸。在此與從近海的航母起飛的海軍直升機（由陸戰隊隊員操縱）會合，搭乘直升機前往德黑蘭近郊，預定從這裡走陸路朝大使館前進。

然而直升機由於錯誤情報被迫超低空飛行，又被地區特有的沙暴捲入，陸續有機體發生問題，能用於作戰的機體減至5架。由於作戰至少需要6架直升機，所以作戰中止，三角洲部隊選擇撤退。可是因為視野很差，1架直升機與運輸機撞擊，爆炸燃燒導致8名空軍士兵和陸戰隊士兵死亡。部隊將剩下的直升機留在沙漠，利用運輸機設法逃出，但是留在沙漠的直升機，隨著作戰內容與德黑蘭的情報員相關情報一起交到了伊朗手上。

這樣大膽的作戰被指責準備與計畫不完備，又被指出四軍的合作態勢也有問題。並且，因為這次失敗而創設了**特種作戰軍**，即統括四軍特種部隊的聯合軍。

摩加迪休之戰

1993年在索馬利亞首都摩加迪休發生的戰鬥。這場戰鬥也成了電影《黑鷹計劃》的題材，由遊騎兵和三角洲部隊進行，發生原因是為了逮捕支配索馬利亞的艾迪德派的重要人士。從懸停的直升機降下的突擊部隊成功達成任務，可是黑鷹直升機在從地上前往的部隊尚未到達時墜落，突擊部隊與地上部隊被許多民兵包圍。在救援部隊隔天早上趕到之前持續激烈的戰鬥，造成18名美國士兵死亡，超過350名索馬利亞民兵死亡。

襲擊賓拉登

奧薩瑪・賓拉登被視為2001年九一一襲擊事件首謀，美國特種部隊在2011年5月1日襲擊了他潛伏在巴基斯坦的建築物。雖然也討論過利用飛機或巡弋飛彈攻擊建築物，不過為了確認賓拉登的存在與生死，派出特種部隊是最好的判斷。由海軍的25名DEVGRU隊員負責執行，陸軍特種作戰航空部隊派出2架提高隱密性的黑鷹直升機，隊員搭乘後前往目的地。建築物位於巴基斯坦境內，黑鷹直升機為了避免被發現，在夜間低空入侵。雖然DEVGRU預定從1樓和屋頂侵入，不過由於1架直升機與建築物碰撞損傷，所以變成全員從1樓侵入。裝備夜視鏡侵入1樓的DEVGRU射殺2名蓋達組織成員，接著衝進2～3樓，發現賓拉登和他的家人。雖然賓拉登身上沒有武器，卻由於抵抗而被射殺，DEVGRU回收屍體後便返回。

長距離偵察

▼ LONG RANGE RECONNAISSANCE ▼

戰鬥是次要的戰略任務

長距離偵察是長期深入侵入敵方勢力區域，收集情報的任務。與一般部隊不同，特種部隊採取長期的隱密行動。偵察目的包含許多戰略目的，也會和情報機關互相合作，不只敵軍部隊，也收集當地情勢、重要設施與地形等情報。在阿富汗和伊拉克，也會搜索潛伏的敵方幹部。

長距離偵察基本上不和敵人戰鬥，但有時伴隨奪回俘虜或文書、破壞工作、奇襲攻擊。

以下列舉特種部隊長距離偵察的例子。

★ 波斯灣戰爭

綠扁帽在波斯灣戰爭進行了長距離偵察。他們利用特殊規格的越野車橫越沙漠侵入伊拉克國內，對於地形與沙漠的硬度等收集情報。這是為了從沙漠的沙子樣本判斷戰車等重車輛能否在這塊土地上通行。此外，也進行了通信線纜的破壞。一部分部隊也接近都市地區，探查伊拉克軍部隊的動向。不僅如此，還用數位相機拍攝重要設施的照片，並且立即經由數據鏈結傳送到司令部。司令部利用這些資料判斷是否應定為轟炸目標。海豹突擊隊也偵察海岸地帶，收集適合登陸的情報。

對於進入波斯灣地區的各支特種部隊而言重要任務之一，就是搜索伊拉克軍的戰區彈道飛彈「海珊飛彈」（飛毛腿飛彈的伊拉克版）。「海珊飛彈」不只攻擊美軍，也對以色列發射過。伊拉克的海珊總統將以色列捲入戰爭，企圖把自己的侵略戰爭頂替成阿拉伯對以色列的戰爭。

「海珊飛彈」搭載在移動式的發射拖車，是能自由變換位置的飛彈，想要破壞必須即時追蹤位置。幸好伊拉克的國境地帶是沙漠，特種部隊藉由低空飛行的直升機或越野車能輕易地侵入伊拉克。特種部隊暗中偵察伊拉克境內，發現搭載飛彈的拖車後，便向航空部隊通知位置。接下來攻擊機到達上空後，利用雷射瞄準器標記飛彈，攻擊機以此為記號投下雷射誘導炸彈。

SAS和三角洲部隊負責攔截飛毛腿飛彈。包含長距離偵察在內完成各種任務的SAS當然會投入，而主要任務是救出人質與反恐作戰等突擊行動的三角洲部隊也投入長距離任務。

阿富汗戰爭與伊拉克戰爭

綠扁帽在阿富汗也執行長距離偵察任務。雖然並未成功，但是搜索了賓拉登。在伊拉克戰爭先行於前進的地面部隊，找到伊拉克軍的武器、彈藥庫的位置，擔負把情報傳回司令部的任務。有時親自攻擊破壞，為了之後進擊的地面部隊削弱伊拉克軍的抵抗。

伊拉克戰爭開始數日後，補給部隊被伊拉克民兵襲擊，發生了女上兵潔西卡・林奇變成俘虜的事件，這個時候，陸軍的綠扁帽、遊騎兵、三角洲部隊，以及空軍的空降救難員聯合擬定奪回計畫，在夜間突擊收容林奇上兵的醫院，順利將她救出。

美軍特種部隊在巴格達陷落後全力搜索薩達姆・海珊。陸軍的三角洲部隊、第75遊騎兵團、第160特種作戰航空團「暗夜潛行者」、海軍的DEVGRU（海豹六隊）、空軍的空降救援隊等，除了由三軍的特種部隊召集人員，來自CIA的SAD（特別行動部隊）、陸軍第4步兵師團的裝甲部隊也參與組成了121特戰隊。該特戰隊在幾個月的搜索作戰後終於找到了海珊潛伏地點。然後從三角洲部隊與第4步兵師團參加的小隊實施「紅色黎明」行動，成功捉住海珊。

戰鬥救難

COMBAT RESCUE

- 作戰
- CSAR直升機
- 魚鷹式

飛行員最後的救生索

為了救助在戰鬥與事故中墜落、迫降的飛機搭乘人員，各國編組了救難專用的部隊。然而與平時的事故不同，戰鬥中通常是在敵方勢力下墜落或迫降。相對於一般的**搜索與救援行動**（SAR：Search and Rescue），在敵方勢力下一邊排除敵軍的妨礙一邊進行的搜索救難活動稱為**戰鬥搜索與救援**（CSAR：Combat Search and Rescue）。

維持軍隊士氣的方法之一，就是在軍官和士兵被逼得走投無路時絕對不能棄而不顧，一定要伸出援手。搜救部隊是飛機搭乘人員最後的救生索，也是能活著回來的保障。

韓戰和越南戰爭中，儘管CSAR部隊救出許多搭乘人員，卻也付出巨大的犧牲。根據越南戰爭的統計，空軍的CSAR部隊每9.2次的救援作戰，就會犧牲1人並損失2架飛機。

美國活用這個教訓，確立了與火力優異的固定翼機、攻擊直升機和空中加油機等合作進行的CSAR戰術。美國的CSAR由特種作戰軍旗下的**陸軍特種作戰軍**和**空軍特種作戰軍**負責，集合了HH-60G直升機、HH-60S直升機、C-22魚鷹式、MC-130運輸機等適合CSAR的機體。此外，空軍特種作戰軍擁有AC-130等特種作戰機，呈現支援CSAR部隊進行對地攻擊的態勢。在阿富汗戰爭和伊拉克戰爭，CSAR部隊成功救出470人。

以下介紹與電影故事有關聯的兩次CSAR作戰。

摩加迪休的CSAR

成為電影《黑鷹計劃》題材的1993年的摩加迪休之戰，CSAR直升機也同行了。CSAR直升機由2名空降救難員（PJ：Pararescue Jumper）、5名三角洲部隊隊員、7名遊騎兵隊員搭乘，在突擊部隊的直升機被擊墜時就前往救援。CSAR直升機在第一架黑鷹直升機遭到擊墜8分鐘後抵達墜落現場。雖然懸停的CSAR直升機讓救援隊繩索垂降，但是由於反戰車火箭彈在至近距離爆炸所以受到損傷，不得不返回。垂降的救援隊前往墜落機體救出搭乘人員。這時又有1架黑鷹直升機被擊墜。CSAR直升機已經不在現場，由於救援隊也前往第一架墜落機體，所以只有2名三角洲部隊隊員前往救援第2架黑鷹直升機，陷入絕望的狀況。第2架墜落機體的飛行員變成俘虜，其他搭乘人員和三角洲部隊隊員全員陣亡。這可說是象徵在市區的CSAR任務有多困難的事件。

波士尼亞的CSAR

1995年，在陷入內戰狀態的前南斯拉夫的波士尼亞，參與北約軍展開的空中轟炸作戰的美國空軍F-16，被塞爾維亞軍的對空飛彈擊墜。雖然飛行員逃了出來，卻獨自被留在塞爾維亞的勢力下區域。美軍從近海的兩棲突擊艦出動救援直升機的同時，也讓AV-8B攻擊機起飛進行掩護。此外空軍的F-15和F-16、英國海軍的海獵鷹戰鬥攻擊機也出動，阻止了敵軍妨礙救援作戰。飛行員在6天後被平安救出，據說電影《衝出封鎖線》是從這場救援行動獲得靈感製作而成。

今後CSAR有可能採用V-22魚鷹式，它兼具固定翼機的速度與直升機的懸停性能。此外UAV（空拍機）也會加入裝備之中。UAV在抑制人的損害這點，以及在隱密性都很有利，今後不只搜索，也可能開發出能用來搬運救助者的機型。

自衛隊並沒有以CSAR為任務的部隊，不過有些部隊會進行一般的搜救活動。成為電影《飛向天空，救援之翼》題材的航空自衛隊的**航空救難團**擁有1,800名隊員，配備各種救難直升機，不只救援遇難的自衛隊飛行員，在民間機發生事故或災害時也會出動。

特種部隊的裝備

按照任務運用豐富的裝備

特種部隊按照任務擁有各式各樣的裝備。雖然一部分使用與一般部隊相同的裝備，不過也有特種部隊獨特的裝備。以下列舉主要的裝備：

武器

- **步槍**：使用突擊步槍，或M4A1卡賓槍等突擊步槍長度減短、輕量化的類型。此外還有槍身短小的CQB-R。
- **手槍**：使用能裝填17～20發左右，裝彈數多的自動式手槍。
- **衝鋒槍**：在對屋內的敵人突擊、反恐作戰中使用衝鋒槍或PDW。H&K MP5型衝鋒槍由於高信賴性、容易使用，所以被各國的特種部隊在都市地區和近身戰鬥中廣泛使用。
- **狙擊步槍**：目的是在800～1,000公尺正確地狙擊，使用M700／M24等講求高準確度的手動槍機式步槍。
- **反器材步槍**：在劫機時隔著飛機很厚的舷窗狙擊恐怖分子因而受到矚目。這種步槍使用重機槍用的12.7mm以上的大型槍彈，用來狙擊小槍彈有效射程外的敵人。也能用於攻擊牆壁後面的敵人等時候。

爆裂物

- **閃光彈**：反恐用武器。SAS開發的手榴彈，能發出閃光與巨大聲響。SAS最先使用的裝備與戰術非常多。

個人裝備

- **迷彩服**：適合任務與地區的植被，與一般部隊不同式樣的迷彩服。
- **防彈背心**：使用克維拉纖維，防彈性優異，從爆炸的碎片保護身體。雖然會變重，不過插入陶瓷板（7～10kg）等還能提高防彈性。需要長距離移動時，只裝備最低限度大小的防彈板。
- **護膝**：必須在碎片散亂的屋內與岩石地保護膝蓋。
- **耳塞或耳機**：從槍聲或閃光彈的轟鳴保護自己的耳朵。
- **背包（背囊）**：能收納食物、寢具、預備彈藥等50kg以上的裝備。耐久性優異，依照任務長度與地區，尺寸與迷彩式樣不同。

電子裝備

- **無線通信機**：各種無線通信機。也會攜帶衛星通信用的折疊式拋物線天線等。
- 軍用GPS：誤差數公尺，能得知自己所在位置。
- 筆記型電腦：可以數據鏈結的電腦。
- 夜視裝置（夜視鏡）：捕捉微量的光線，增幅映照在鏡面上。
- 雷射照射裝置：為從飛機投下的雷射誘導炸彈做記號。
- 特殊集音器：反恐用裝備。安裝在窗戶等處監聽室內的聲音。

特種部隊的裝備（長距離偵察用）

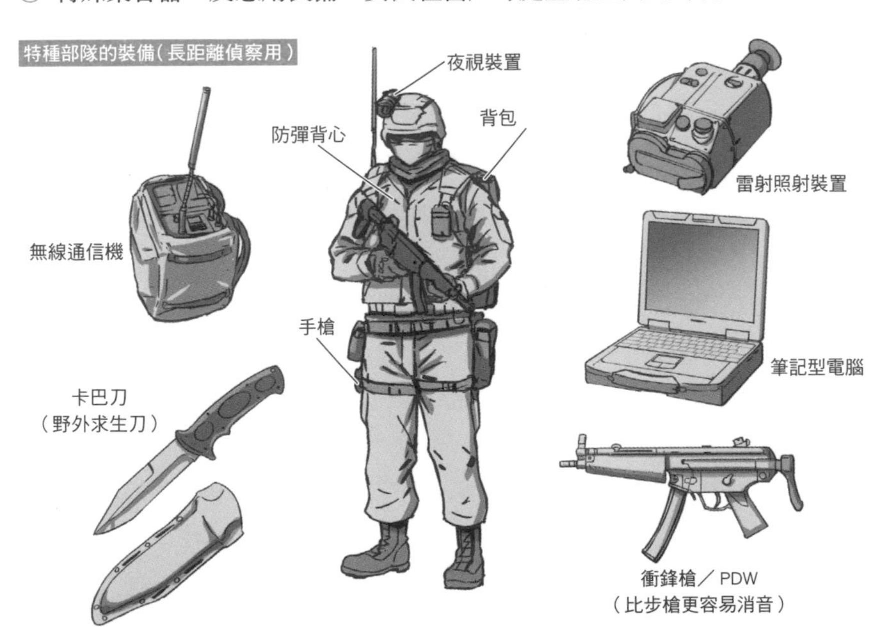

特種部隊的訓練

嚴格的選拔條件

特種部隊能否有效地行動，與隊員的**選拔**和**訓練**有關。通常特種部隊的隊員是從一般部隊中志願的士兵所構成。從一般士兵選拔，讓他們接受短期間的集中訓練，有時依照結果決定入隊。選拔測驗中有一些一般部隊沒有的嚴苛條件。志願者接受種種選拔測試，考驗體力、持久力、精神力、適性。

例如，第一期三角洲部隊的選拔條件是，仰式40碼（1碼＝0.91公尺）在25秒以內游完、完全裝備下游完110碼、1分鐘內伏地挺身33次、仰臥起坐完成37次等。此外，三角洲部隊對於志願入隊的狙擊手，要求在600碼的距離命中率100%、在1000碼的距離命中率90%。

SAS會讓志願者接受幾個月的訓練，只讓學會降落傘空降和戰鬥求生技術的人入隊。

像執行戰略任務的綠扁帽，除了學會所有的戰鬥技能，獲得降落傘空降證照，外語的適性也是必要條件。除此之外，還必須已經學會「作戰及情報」、「兵器」、「爆破」、「通信」、「衛生」之中2個科目的技術證照。

當然，能通過選拔測驗的志願者比率很少，如果是最嚴苛的SAS大約20%左右。

此外在遊騎兵部隊不只志願者，也會接受一般軍官與士兵，條件是在遊騎兵學校參加過學習野外求生與山岳戰的遊騎兵訓練課程。

有更加嚴酷的訓練等著

總算通過選拔測驗後，正式的訓練才剛要開始。不只**射擊**與**攻堅**等戰鬥技術，還會持續幾個月的訓練，如**偵察**、**爆破**、**駕駛**、**野戰治療**、**野外求生**、**降落傘空降**等。

特種部隊的降落傘空降採取**HALO**（高高度跳傘低高度開傘）的方法。這是從在高高度飛行的飛機空降，持續自由落下後，在低空打開降落傘的方法。由於打開降落傘的時間很短，雖然優點是即使在敵方勢力下的地區上空也不易被察覺，但是由於長距離空降，為了正確地空降到目標地點需要技術。有時也會從需要氧氣面罩的高度空降。使用的降落傘是容易在空中操作的形式，假如正確操作，就能以較少的誤差在預定降下地點著陸。但是，空降時大多會變成利用**HAHO**（高高度跳傘高高度開傘）。

假如是SBS和海豹突擊隊，還會接受**水下潛水**和**橡皮艇操作**等訓練。海豹突擊隊隊員也會接受降落傘空降的訓練，他們既是水中工作員，同時也是空降部隊隊員，也是突擊部隊。

美國特種部隊的狙擊手，會被送到維吉尼亞州寬提科的陸戰隊狙擊學校。這所學校以嚴格訓練而聞名，來自各個特種部隊的狙擊手聚集在此。他們接受為期數週的訓練，如**狙擊術**、**偽裝技術**、**野外求生**等。

綠扁帽的條件是在入隊時已經結束各種訓練，之後會再進行高級訓練。他們要教導派遣地的軍隊非正規戰的戰術，因此自己得先成為專家。接著學習如何教導其他士兵的**教育技術**。這時也需要**外語能力**，從在中南美和亞洲使用的西班牙語、葡萄牙語，到韓語、阿拉伯語，被培養成各種語言的專家。外語在綠扁帽收集當地情報時也是必修科目。此外，也會學習區域情勢和當地文化。

在各個特種部隊的訓練中淘汰的人也很多，據說超過一半的訓練生會被淘汰。

另外，一旦成為隊員也會持續訓練，一年之中有許多時間花費在訓練上。

自衛隊的特種部隊

陸上總隊的直轄部隊

將陸上自衛隊的各部隊一體運用的**陸上總隊**，在對外有事或是在國內發生重大災害或恐怖攻擊時，能迅速應變處置。空降部隊和登陸部隊等機動力高的部隊、反恐部隊、反NBC（放射能、生物、化學）部隊隸屬於此。

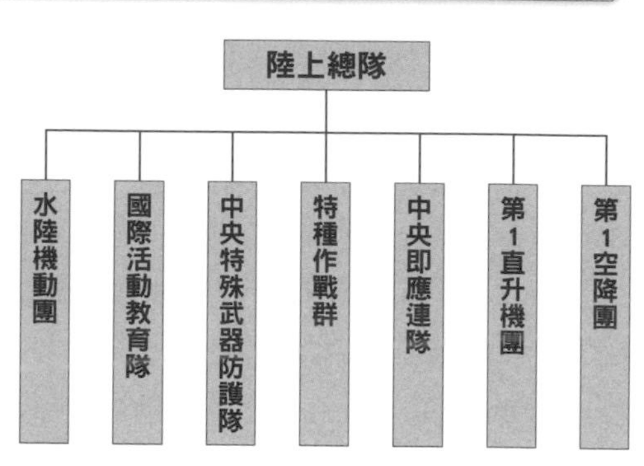

國際活動教育隊負責教育被派遣至國外的自衛隊隊員。另外，**第1直升機團**是陸上總隊直轄的運輸部隊，同時也負責皇室與總理大臣的移動。福島第一核電廠事故時也從空中進行灑水。

★ 特種作戰群

在陸上自衛隊說到特種部隊，特種作戰群算是符合。這是2003年才剛開始活動的部隊，創設目的是在市區或山岳地區的反游擊戰、反特種部隊作戰，平時駐屯在習志野。隊員從第1空降團等部隊選拔出來，大約由300人構成，可以說是陸自的菁英部隊。

訓練參考了美國的綠扁帽和三角洲部隊，主要進行空降技術、從水中侵入、在市區的近身戰鬥技術等訓練。此外，也進行重要防護設施的警備與護衛重要人物。裝備與陸上自衛隊的普通科大不相同，採用最先進的近身戰用裝備。

第1空降團

執行空運和降落傘空降作戰的空降部隊，具備高度部署能力，反游擊戰也是任務之一。駐屯在習志野。

中央即應連隊

配備許多機動性高的裝甲車與野戰車，駐屯在宇都宮。在國內外的行動中擔負先遣部隊的任務。有許多學會遊騎兵和空降等特殊技能的隊員隸屬於此。

中央特殊武器防護隊

反NBC部隊，利用化學防護車和NBC偵察車等進行污染地區的偵察活動等。它的前身第101化學防護隊在東京地鐵沙林毒氣事件和東海村JCO臨界事故也有出動。

水陸機動團

號稱日本版陸戰隊的部隊，使用AAV-7兩棲突擊車進行登陸作戰，或是從直升機降下海面及利用小艇進行水路潛入作戰等，可以說相當於特種部隊。

海上自衛隊的特別警備隊

海上自衛隊的特別警備隊也稱為**SBU**（Special Boarding Unit），為自衛艦隊司令部直屬，基地設在江田島。對於1999年發生的，被視為北韓間諜船的不明船隻侵犯領海事件，海上自衛隊首度發布海上警備行動的命令，不過海上自衛隊顯然欠缺有效的應變手段。沒有辦法能讓無視威嚇射擊的對方停船。因此從水中處理、爆裂物處理部隊等單位招募志願者創設了特別警備隊。

SBU的任務是進入不明船舶進行檢查。搭乘護衛艦，利用直升機或小艇衝進不明船隻，壓制船內。有一說這支部隊是獲得英國特種舟艇部隊（SBS）的協助創設的。

COLUMN 俚語

軍隊有各種專業術語，也存在許多士兵們使用的俚語。在此稍微介紹以美軍最近的俚語為主，感覺很有意思的詞句。有些內容有點粗俗，尚請見諒。

Amazing Grace（奇異恩典）：M1艾布拉姆斯戰車。也叫做凱迪拉克。
Vampire（吸血鬼）：指夜間狩獵獵物的狙擊手。
Angel（天使）：指高度。「10天使」的意思是高度10,000英尺。
GUNG-HO：陸戰隊的吶喊聲。
Kiss and Cry（親吻與哭泣）：上戰場的士兵與家人和戀人告別的地方。
Geronimo!（傑羅尼莫!）：美國空降部隊的吶喊聲。一部分使用來自訓練所名稱的「庫拉希」。
Jarhead（鍋蓋頭）：指陸戰隊隊員。
CINC：指司令官。來自Commander-in-Chief。
Snake Eater（食蛇者）：指特種部隊隊員。也叫做「食樹者」。
Tallyho：發現敵人的暗號，或是解除編隊，進入空中纏鬥時的暗號。
Check Six（檢查6點鐘）：飛行員確認後方有無敵人。方位與時鐘的時刻重疊。前方叫做「12點鐘」。
Bandit（土匪）：指敵軍飛機。
B.C.D.：Birth Control Device，指避孕器。
Fox：指朝向敵人發射的飛彈。叫做「Fox One」、「Fox Two」等。
Fox Trot：用來代替所謂的F-word。
FOBIT：在FOB（最前線基地）生活很久的士兵。從Hobbit衍生。
Blue on Blue：誤傷己方。因為演習時是以藍色和紅色來區別友軍和敵軍。
Penguin（企鵝）：指飛行員以外的空軍士兵。
RUMINT：Rumor Intelligence（假情報）的簡稱。因為在情報用語人工情報叫做HUMINT，訊號情報叫做SIGINT，所以由此衍生。
Love boat（愛之船）：指女性搭乘人員很多的船艦。
Rock 'n' roll：指全自動射擊。

士兵們的俚語有流行，新的詞句出現後又會消失。自己創作故事時，試著想出新的俚語會很有趣。

MILITARY ENCYCLOPEDIA

第7章

電子戰

C4ISR
通信
網路戰
情報收集
密碼
感應器
雷達
隱形技術

C4ISR

電腦與軍事技術

如果把軍隊比喻成人體，司令部是大腦，各部隊就像手腳。而扮演從大腦傳達命令給手腳的神經的角色，就是連接司令部與各部隊的指揮系統和支撐它的通信系統。這些稱為**指揮、統制**（C2：Command Control）系統，或是**C3I**（指揮、統制、通信、情報：Command Control Communications and Intelligence）系統。這再加上電腦就稱為C4I，此外再加上監視、偵察（Surveillance, Reconnaissance）就稱為**C4ISR**。

簡單地說這個系統就是，「正確認清狀況，正確指揮部隊的手段」。以前的將軍把不清楚戰場情況評為「戰場之霧」，戰略家克勞塞維茲認為，戰場的情報不確實是不得已的事，不過現代軍隊認為C4ISR是勝利的重要要素，因而挪用許多機材與人員。

在情報、監視、偵察領域，除了偵察部隊、偵察機、無人機、巡邏機、偵察衛星等展開行動，各種感應器也在窺探敵人的動向。

如此獲得的情報透過網路傳送到司令部，在司令部掌握之後進行分析，並根據情報調動指揮下的部隊。

以前斥候和間諜收集情報，然後由傳令兵傳達，將軍與參謀絞盡腦汁進行的這些作業，藉由感應器與情報通信的進步，幾乎IT化、電腦化。藉此在司令部能收集到前所未有的龐大資料，不過這同時也是兩面刃。最後是由人下判斷，有時龐大的資料會使判斷失準。

圍繞C4ISR的戰鬥

C4ISR的功能以人來說，相當於五感與腦部或神經的功能。因此失去時會引起嚴重的事態。這件事從以前就被認清，司令部會暫時中止使用無線電（無線封鎖），或是把無線通信機放在遠離司令部的地方，避免暴露位置。因為位置暴露的司令部，立刻會遭受戰鬥機或轟炸機的攻擊。此外，電子戰的概念登場後，也開始編組妨礙敵人無線電的部隊。

美國採用的戰術空地作戰，正是藉由攻擊C4ISR奪走敵人的戰鬥力。藉由攻擊後方的司令部或通信所，就能癱瘓敵軍的中樞。

在今後的戰爭與紛爭中預料圍繞C4ISR的戰鬥會變得激烈。將進行對於感應器的欺瞞與隱蔽，對通信手段的妨礙與破壞，如GPS等定位系統也將成為攻擊的對象。對通信衛星和GPS衛星等的攻擊手段也正在研究中。雖然有將殺手衛星發射到軌道，藉由自爆散射碎片破壞敵方衛星的方法，或是從地上瞄準衛星發射飛彈的方法等，不過前者也有可能影響商業衛星，後者則是命中率很低等，留下不少問題。

不只物理攻擊，電腦病毒或入侵網路等網路攻擊也逐漸變成威脅。

核武器堪稱對C4ISR的終極攻擊。在高高度爆炸的核彈，雖然不會對地表帶來高熱、爆炸衝擊波、放射線等效果，但是會產生強大的**電磁脈衝**（EMP），會對大範圍的電子機器和數位資料造成損害。發生停電，手機、有線電話、網路都會不通。交通系統也會癱瘓，依賴電腦控制的汽車和飛機也失去控制可能停止。軍隊的C4ISR開始採取從EMP保護電子機器的對策，不過並不充分。

電磁脈衝引起的傷害，不像電子妨礙電子干擾只是一時的。電子迴路、硬碟、USB記憶體等會燒斷，遭受破壞。有效範圍依照爆炸的高度可達數百km，僅僅1發核彈就能幾乎完全破壞敵國基礎建設的核EMP武器，如果有發射手段，就連新興核武持有國或恐怖分子也能威脅大國。

轉播手段和頻率

各部隊藉由有線電、無線電、通信衛星等聯繫，互傳聲音和資料。網路原本是美國為了研究軍用通信所開發的。網路向一般人公開後，美軍使用獨自的網路 **SIPRNET**。雖然和網路同樣使用TCP/IP協定，不過一般人無法連結。

用於無線電的頻率各自不同。基本上電波頻率具有從低者到達遠方的特性，不過頻率低的電波不適合高速通信。因此傳送大量資料必須利用通信衛星轉播。通信衛星被發射到靜止軌道或地心軌道。靜止衛星以和地球自轉相同角速度繞著地球旋轉，如同字面意思從地上看來是靜止的衛星。或許感覺在轉播上很方便，不過由於距離地球遙遠，因此通信會產生延遲，因為位於赤道上，所以弱點是難以涵蓋極地。因此也會利用在低軌道繞行的通信衛星。軌道低也有通信機不用輸出多大的優點，所以和靜止衛星分別使用。

在容易被監聽的無線通信，無線LAN和藍牙相同，利用光譜通訊和頻率跳變等技術來防止監聽。

雖然並非通信衛星，不過GPS衛星在現代軍隊也不可缺少。美國有超過30顆GPS衛星（NAVSTAR）在繞行。各國也運用獨自的GPS衛星。

戰場的數位化

近年來，軍隊的數位網路化進步，空中、海上、地上的所有部隊的數據鏈結逐漸實現。例如地面部隊將目標的座標傳送到網路後，轟炸機就把數據輸入GPS導引炸彈投下。另外，根據從各戰車獲得的情報製成戰場地圖，戰車部隊的指揮官觀看後就能一眼掌握戰場的情況。從空軍的監視機獲得的資料也會顯示在戰場地圖。從各戰車或上位的司令部也能觀看戰場地圖，所有人都能確認作戰的變化。

資料傳送是透過電腦進行，人類不必再次輸入數據等，可以無縫，並且即時處理。最後所有的平台（車輛、船艦、飛機）藉由網路連結，陸海空軍統合，有效率的軍隊將會登場。最終設在司令部的電腦會計算出各部隊的最佳行動模式，向指揮官提出下個作戰等，這種事也絕非夢想。

★ 數據鏈結的實例

西歐各國使用的網路型資料交換系統稱為**Link 16**或**戰術數據鏈**，被當初美國海軍的防空系統採用，能自動探測與識別目標、管制迎擊等。它與神盾系統連動，能以艦隊整體對抗飛彈與飛機的威脅。之後，互用性（interoperability）提升，即使軍種或國籍不同時也能運用，Link 16的規格也開始在美國全軍與西歐各國使用，Link 16事實上變成了西歐的標準數據鏈結。

在系統小型化，連車輛也能搭載的1990年代，美國陸軍展開了數位網路化（21世紀陸軍計畫）。這是將戰鬥車輛、砲兵、直升機、UAV等經由數據鏈結連接，在伊拉克戰爭能以少數兵力閃電占領巴格達，都是這項計畫的功勞。

在美國陸軍的未來型士兵「大地勇士」，還有能讓各人與偵察機或衛星進行數據鏈結的構想。

在自衛隊有**自動警戒管制系統**（JADGE系統），除了防空部隊，也實現了與海上自衛隊和陸上自衛隊的數據鏈結。

網路戰

▼ CYBER WARFARE ▼

▶ 技術 ◀

▶ 網路 ◀

▶ 病毒 ◀

網路空間已經成為戰場

對於軍事網路及民間的情報通信網路的**網路攻擊**，有可能帶來嚴重的影響，逐漸成為安全保障上重要的課題。

軍事計畫與武器系統設計的相關情報被奪取等事件已經頻繁發生。例如在2008年喬治亞紛爭之時，喬治亞的政府機關與銀行等的網路遭受攻擊。同年美國中央軍的網路被病毒侵入，報告指出嚴重的事態，機密情報可能已經洩漏到外部。

美軍為了對抗這種網路上的威脅，2010年5月在戰略軍底下創設了**網路司令部**（Cyber Command），2018年升格為聯合軍，展現重視網路戰的態度。網路司令部統括陸軍網路司令部、艦隊網路司令部、第24空軍、陸戰隊網路空間司令部等美國四軍的網路戰部隊，也和NSA合作面對網路戰。

自衛隊也在2008年新設了**自衛隊指揮通信系統隊**，以24小時態勢監視網路，由手下的網路防衛隊防備網路戰。

受到攻擊的網路

隨著軍隊的網路化進步，對網路的依賴度也提高了。網路化進步的軍隊失去網路後有可能喪失戰力，當然網路會成為攻擊對象。此外作為產業與生活基礎的各種網路也將成為攻擊對象。最近經常聽到的雲端運算，是網路依賴度更高的技術。多虧網路我們的生活提升了，不過許多方面依賴網路也伴隨著風險。下表揭示預料將成為攻擊對象的網路。

類別	成為攻擊對象的網路
軍事	C4ISR
	防空系統
	兵器系統
	補給、後勤系統
基礎建設	通信、情報系統
	電力、水、石油等生命線管理系統
	交通系統
	金融系統
	行政系統

攻擊除了從連接到網路的伺服器竊取資料，或是篡改、破壞，還有散布垃圾郵件對網路造成負擔，或是利用網頁、社群網站或電子郵件作政治宣傳等，可以想到各種方法。

俄羅斯已經實施網路攻擊作為軍事行動的一部分，2014年併吞克里米亞時，對烏克蘭的網路及移動通信服務進行網路攻擊，不讓烏克蘭察覺自軍的行動。

另外，透過網路感染的電腦病毒（惡意軟體）也不能忽視。病毒不只經由網路，也會經由USB記憶體等電子媒體感染，在民間與軍隊皆採取各種應變方案。

在此介紹一個病毒已經具備戰略意圖實際使用的例子。2010年，遭質疑開發核武器的伊朗的核設施被網路攻擊鎖定。這座核設施利用離心機進行鈾的濃縮，不過從網路獨立的電腦也感染「震網」病毒使離心機失控，自己進行了破壞運轉。核設施從網路隔離，攻擊者鎖定核設施相關組織散布病毒，病毒以USB記憶體為媒介侵入核設施。雖然犯人不明，不過對於伊朗製造核武器最有危機感的以色列被懷疑涉入。

情報收集

用一切手段收集情報

收集情報的手段從間諜到偵察衛星，規模與種類各不相同。以下表格依類別舉出情報收集手段。

情報的種類	簡稱	取得手段
信號情報	SIGINT	監視機、通信監聽基地、偵察衛星等。
通信情報	COMINT	同上。
電子情報	ELINT	同上。
聲音情報	ACINT	聲納等。
照片情報	PHOTINT	偵察機、偵察衛星等。
人工情報	HUMINT	情報提供者、間諜等。
地理情報	GEOINT	偵察機、監視機、監視衛星等。

★ 無線監聽

無線通信除了發送者和接收者，也會被第三者監聽。即使利用米波或厘米波等指向性高的電波，也無法完全防止被監聽。因此各國打造監聽敵方通信的設施與裝備，藉此獲得情報。

電波相關的情報收集手段統稱為**SIGINT**，其中監聽敵方通信獲得情報的活動叫做**COMINT**。雷達與妨礙雷達裝置的情報收集稱為**ELINT**。

監聽的通信經常加密，會被傳送到解讀密碼的組織。即使不能解讀密碼，還有分析通信訊息流量的方法。通信發生的地點、時間、通信的長度建立資料庫，如果監視變化，就能推測敵人的意圖，或是得知與平時不同的事態正在發生。

為了正確測量發訊源的方向，美國在世界各地建設大型接收天線。

另外，監聽衛星通信的設施、監聽微波通信洩漏的電磁波的通信監聽衛星、接近敵國領空監聽電波的電子情報收集機等正在展開活動。雖然官方並未承認，不過據說美國、英國、加拿大、澳洲、紐西蘭締結協定，共同進行無線監聽，也有一說是監聽系統整體稱為**梯隊系統**。據說梯隊系統也有監聽有線通信、網路，會對特定的關鍵字有反應，並記錄通信。

在自衛隊監聽通信的設施稱為**通信所**。有東千歲通信所、小舟渡通信所、大井通信所、美保通信所、太刀洗通信所、喜界島通信所等6座設施，置於**情報本部**的指揮下。

★ 偵察衛星

偵察衛星是收集地表圖片資料的衛星，目的是進行SIGINT、COMINT、ELINT。拍攝圖片的偵察衛星大多在低軌道以數小時的週期繞行。有時會慢慢地偏離軌道，涵蓋大範圍。以前是使用底片拍攝，所以必須回收衛星，或是放進膠囊投到地上，不過現在用數位相機拍攝的資料能立即傳送到地上的基地。像美國偵察衛星拍攝的分辨率，條件好時約15cm左右，還能識別車輛的種類。

偵察衛星之中，有些搭載**合成孔徑雷達**能拍攝雷達照片。雖然合成孔徑雷達在分辨率不如照片，不過優點是不易被氣象條件影響。

在日本把偵察衛星稱為**情報收集衛星**，運用了3座搭載光學感應器的衛星，5座搭載合成孔徑雷達的衛星。光學衛星的分辨率是60cm，雷達衛星則是1公尺，不過因為機器故障並未充分發揮性能。並非由自衛隊運用衛星，而是由內閣官房進行，並將情報提供給各官廳。

代碼與暗號

密碼的起源很古老，在西元前的伯羅奔尼撒戰爭已經有使用密碼的記錄。密碼大致分成2種。一種是**代碼**（語句密碼），另一種是**暗號**（文字密碼）。代碼是將原本文字平文式拼法的「單詞」一一替換成代號（密碼虛字）製作密碼電文，密碼化與解密需要很厚的密碼書。代碼難以解讀，另一方面密碼化和恢復成平文式拼法的解密很花時間，此外將密碼書發給全軍也會伴隨問題，所以只有上級司令部等處使用。

暗號是將平文式拼法的「文字」（英文字母）替換成別的文字製作密碼電文。比起代碼密碼化和解密比較簡單，另一方面通常是從文字的使用頻率和語言特性等加以解讀。

然而到了近代，暗號的文字替換藉由機器進行，變成可以複雜地替換（進行替換的機制叫做**保密器**）。這種密碼機之一，正是第二次世界大戰當時德國使用的**恩尼格瑪密碼機**。

恩尼格瑪密碼機由鍵盤、保密器、顯示經過變換的文字的顯示盤所構成。保密器的部分安裝了3個旋轉盤，分別發揮保密器的作用，所以會進行3次變換。旋轉盤在每次打字時都會旋轉，每個字都以不同的模式進行變換。此外，藉由加上改變鍵盤排列的插接板，變換模式也變成1京種。雖然發送者和接收者必須共享旋轉盤的設定、插接板的配線知識，不過由於這些每天都能變更，所以解讀恩尼格瑪密碼機非常困難。

共通金鑰和公開金鑰

在現代使用電腦進行密碼化，不過基本的想法相同。保密器相當於**演算法**，旋轉盤的設定和插接板的配線相當於「**金鑰**」。即使第三者一個個地嘗試密碼電文，也需要龐大的時間，因此使用「金鑰」。耗費龐大的時間，在現實上就是無法解讀。

像恩尼格瑪密碼機發送者和接收者使用相同金鑰叫做**共通金鑰**，共通金鑰演算法有區塊加密（DES）等。共通金鑰的問題是如何把金鑰交給接收者，像恩尼格瑪密碼機必須在事前把表交給對方。利用通信伴隨著被監聽與解讀的危險。正在進行研究的**量子密碼**，是為了將金鑰安全地發送，就算第三者想要監聽量子狀態也會改變，所以成為安全發送金鑰的手段而受到矚目。

公開金鑰密碼是發送者和接收者使用不同的金鑰。公開金鑰要與成對的**祕密金鑰**湊成一套才能解密。如圖，具備了不用互傳祕密金鑰的優點。

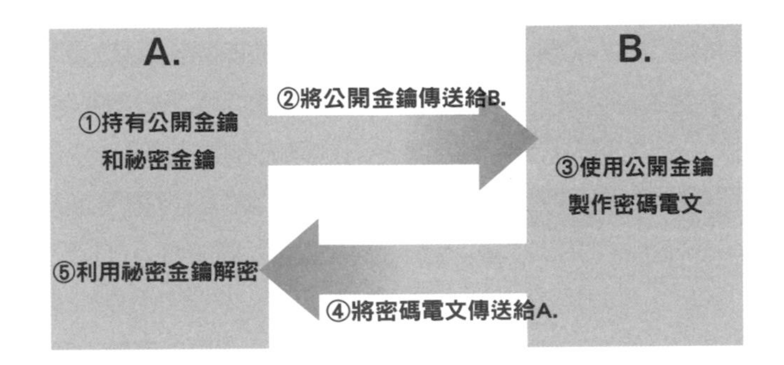

亂數密碼

密碼化不使用演算法的亂數密碼也從第一次世界大戰時被使用。使用電腦等製作亂數表，發送者和接收者持有同一份。發送者使用亂數表將平文式拼法轉換成數字發送，接收者使用同一份亂數表將它解密。銷毀用過一次的亂數表的一次性密碼方式，只要亂數表沒被偷走就無法解讀。

感應器

SENSOR

▶ 電磁波 ◀

▶ 警報 ◀

▶ 妨礙 ◀

電磁波的「眼睛」

現代的兵器系統無法想像沒有**感應器**。感應器是感測電磁波的裝置（感測聲波的裝置稱為聲納），按照各個特性有許多種類。電磁波波長超過毫米的稱為電波；更短達到1 的稱為紅外線；從0.7 到0.3 的稱為可視光。

電磁波	用途
可視光	電視攝影機誘導飛彈、夜視裝置
紅外線	紅外線感應器、紅外線導引飛彈、部分夜視裝置
電波	雷達、雷達導引飛彈

電波的波長短，就表示能辨別如此小的東西。另一方面有個弱點是，波長短的電波輸出容易衰減。因此，在近距離使用可視光和紅外線，在遠距離使用電波。

利用可視光的感應器（也就是電視攝影機），在黑暗中使用夜視裝置若不增幅就沒有用。因此經常一併使用紅外線感應器。

★ 紅外線感應器

帶有熱的物體會發出紅外線。因此**紅外線感應器**被廣泛使用於探測飛機、車輛、人。此外，加熱的物質最初會變紅，溫度更高會白熱，放射的紅外線波長依照溫度而有差異。利用這點就能感測與周圍熱度的差異，以及熱源的種類。以前主流是照射紅外線探索周圍的**主動式**紅外線感應器，不過現在主流變成不會自己發出紅外線的**被動式**紅外線感應器。

紅外線比起可視光解析度會變差，不過可以捕捉成圖片，不只軍事，也用於各種用途。

因為紅外線在夜間也能使用，所以像美國的LANTIRN等，飛機在低空飛行時也會使用**導航系統**。

另外，紅外線也會被起霧、下雨等氣象條件影響。為了彌補這個缺點，如利用可視光的雷射雷達、利用毫米波的毫米波被動影像雷達等，為了監視設施等目的正在進行開發。

警報裝置

雷達、主動式紅外線感應器和雷射照準器等，是自己發出電磁波探測敵人的感應器，如果感測這些電磁波，可以知道自己會被敵人探測到。因此被動式紅外線感應器對於紅外線也兼作**警報裝置**。對於電波有雷達警報裝置。這在感測到敵人的雷達波，敵人的雷達光束集中在自機的鎖定狀態時就會警告。

妨礙手段

妨礙紅外線感應器的手段，有個方法是在周圍散布燃燒的物體。有時飛機會排出燃燒的**熱誘餌彈**欺瞞紅外線導引飛彈。

ECM（電戰反制：Electronic Counter Measures）是發出妨礙電波等干擾敵人的雷達。其中還有一種把敵人雷達波的相位反過來送回去的ECM。相位相反的電波彼此干擾，對方的雷達只會映出不清楚的樣子。

干擾箔是在薄膜上被覆金屬，干擾箔反射的電波會散亂，能從敵人的雷達隱藏背後的對象。

也有裝置與技術能看穿、消除ECM的各種欺瞞操作，這稱為**ECCM**（電戰反反制：Electronic Counter- Counter Measures）。

捕捉敵人的技術

雷達是利用電波反射，或是利用目標放射的電波來探測目標的裝置。從電波的往返時間和電波回來的方向能測量目標的位置。雷達不只能從遠方探測目標，還有個優點是就連在夜間、惡劣天氣也能發現目標。雷達有下列種類：

- **對空警戒雷達**：用來警戒敵方飛機接近。
- **追蹤雷達**：光束經常指向目標方向，自動追踪目標。
- **射控雷達**：利用雷達測量目標的現在位置和運動，利用電腦預測目標的未來位置並控制武器。
- **被動雷達**：自己不發出電波，只進行接收。
- **雙靜態雷達**：發送裝置與接收裝置設置在分開的地方。可以探測隱形戰機岔開的雷達波。

用於雷達的電波波長越短（＝頻率大）就能辨別越小的東西。另一方面波長短的電波有個弱點是輸出容易衰減。因此，必須分別使用高精確度只能在近距離使用的雷達，和低精確度但也能在遠距離使用的雷達。例如，必須搜索大範圍的對空警戒雷達使用長波長的電波，射控雷達則使用短波長的電波。

在彈道飛彈防禦要求高精確度，使用的對空警戒雷達是利用波長短的X波段。

相位陣列雷達

傳統的雷達是機械式地讓天線左右移動或是旋轉，藉此改變搜索敵人的方向，因此除了搜索敵人很花時間，有時也會發生機械的問題。

相位陣列雷達是排列許多雷達元件，藉由調整各自發出的電波的相位，就能變更搜索敵人的方向。由於藉由電子的開關改變電波的相位，所以能高速搜索周圍的敵人。以神盾系統為首，船艦、飛機等許多系統都有搭載。

脈衝都卜勒雷達

飛機搭載的雷達不善於發現低空飛行的敵機。由於地面會反射電波，所以無法區別這種反射波和敵機反射的電波。**脈衝都卜勒雷達**解決了這個問題。移動的物體反射的電磁波，藉由**都卜勒效應**，會傳回與發出的波長不同波長的反射波。脈衝都卜勒雷達利用這個原理探測在低空飛行的敵機。這個能力稱為俯視能力，還能攻擊就叫做**俯射能力**。

合成孔徑雷達

合成孔徑雷達是利用搭載雷達的飛機的移動，放大雷達外觀的天線直徑的技術。雷達移動時，目標持續被雷達波照射，處理這段期間反射的所有信號後，天線的大小會隨著飛機的移動距離變大，可獲得高分辨率。

超地平線（OTH）雷達

一般雷達使用的電波是利用直進性高的類型，不過這樣無法探測地平線前方的目標。因此製造出**超地平線（OTH）雷達**，藉由在電離層反射，利用傳到地平線前方的短波。由於短波的波長比較長，所以精確度較差，不過能探測飛機的存在，用於預警等用途。

隱形技術

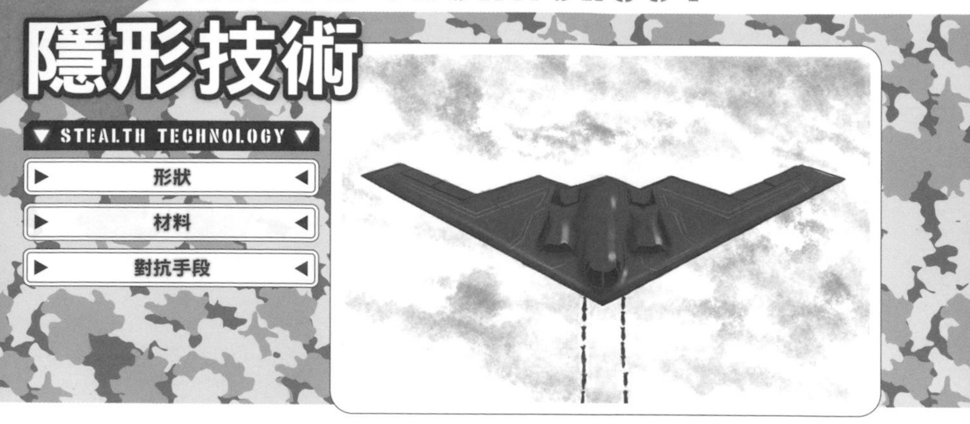

如何獲得隱密性？

隱形技術能減少雷達波的反射或紅外線發出的量，或是發出的電波不易被監測等，是能減少被對方探測的可能性的技術，在飛機、船艦、戰鬥車輛全都進行應用。隱形技術大致分成材料、形狀、減弱特徵信號這三個領域。

形狀

改變形狀減少物體的**RCS**（雷達散射截面）的技術。即使表面被雷達發出的電波照射，如果不正對雷達，反射波就不會傳回雷達。因此，嘗試讓表面以多面體構成，減少反射到雷達的電波。在飛機F-117具有顯著的多面體構造，在F-22戰鬥機也有採用。很難以多面體構成時，要避免相對於水平面呈直角的構造，盡量變成斜面。最近的船艦也採用艦橋和船體等傾斜的形狀。軍用車輛也讓裝甲板傾斜，進行讓電波向上或朝地面反射的實驗。

火砲、飛彈等兵裝類收納在做在機體內的武器艙，設計成從外部看不見。如戰車砲身等無法收納的部分，則用多邊形外護套覆蓋。

飛機的內部構造也很重要，構造材也採用岔開雷達波的形狀，著陸用的起落架和兵裝的收納口，也擁有複雜的鋸齒狀線條。

材料

藉由表面被覆**RAM**（雷達波吸收材料）使之改變，減少物體的RCS的技術。RAM具有吸收雷達能量，轉變成熱或弱磁場的特性。在F-117使用摻入鐵氧體粒子的電波吸收材料（RAM）塗料，不過修補非常麻煩。B-2轟炸機也只有配備在本國的基地，因此推測RAM的修補並不簡單。F-22戰鬥機估計也在海外的基地部署，據說使用了全新種類的RAM。

減弱特徵信號

不只反射，減弱**特徵信號**（自己發出的電波和紅外線）也是必須的。改善電子裝備，換成自己不會發出電波和紅外線的被動式類型。

為了抑制紅外線放射，飛機的排氣口設在機體上面，設計成尾翼的形象。

戰鬥車輛藉由冷卻排出氣體，或是在裝甲底下讓空氣循環，試圖抑制整體的紅外線放射。戰鬥車輛使用不易反射熱的偽裝網等也能抑制放射。

如何對抗隱形技術？

有一個構想是，如果能捕捉到隱形戰機岔開的電波，或許就能探測到隱形戰機。假如利用發送裝置與接收裝置分開設置的**雙靜態雷達**，或是讓許多雷達聯合的**多向雷達**，第一座雷達發出，其他雷達就有可能捕捉到隱形戰機岔開的電波。如行動電話的基地台一般將雷達基地設置成網狀，發出的基地台情報與接收的基地台情報對照的方法也已經被提案。

雷達與隱形戰機的相對位置，和接收的電波是哪座雷達何時發出的，包含這些情報都需要複雜的計算，不過只要情報處理技術進化，這些問題也能解決，或許探測隱形戰機也會變得容易。

参考文献

軍事全般

・戦争論（上・中・下）／クラウゼヴィッツ／岩波書店
・面白いほどよくわかる クラウゼヴィッツの戦争論／大澤正道／日本文芸社
・軍事学入門／防衛大学校防衛学研究会編／かや書房
・世界軍事学講座／松井茂／新潮社
・新・戦争学／松村劭／文芸春秋
・補給戦／マーチン・ファン・クレフェルト／中央公論新社
・The Encyclopedia of Military History from 3500B.C. to the Present／R.E.Dupuy, T.N.Dupuy／HarperCollins

國際法

・国際法〔第3版〕／松井芳郎ほか／有斐閣
・国際条約集 1999年版／山本草二（編集代表）／有斐閣
・戦争犯罪とは何か／藤田久一／岩波書店

軍事情勢

・平成30年版 日本の防衛 ―防衛白書―／防衛省編／日経印刷
・平成29年版 日本の防衛 ―防衛白書―／防衛省編／日経印刷
・平成25年版 日本の防衛 ―防衛白書―／防衛省編／日経印刷
・平成23年版 日本の防衛 ―防衛白書―／防衛省編／ぎょうせい
・平成22年版 日本の防衛 ―防衛白書―／防衛省編／ぎょうせい
・アメリカの軍事戦略／江畑謙介／講談社
・最新 アメリカの軍事力／江畑謙介／講談社
・戦争のテクノロジー／ジェイムズ
・F・ダニガン／河出書房新社
・ロシア軍は生まれ変われるか／小泉悠／東洋書店
・トム・クランシーの戦闘航空団解剖／トム・クランシー／新潮社
・特殊部隊／ウォルター・N・ラング／光文社
・グリーンベレー／ワールドフォトプレス編／光文社
・世界の特殊部隊／別冊宝島編集部（編）／宝島社
・図解 現代の陸戦／毛利元貞／新紀元社
・情報公開法でとらえた 在日米軍／梅林宏道／高文研
・A Civilian's Guide to the U. S.

Military／Barbara Schading／Writer's Digest Books

- Army Regulation 670-1／U.S. Army
- Field Manual No. 8-55: Planning for Health Service Support／U.S. Army
- Field Manual No. 100-5: Operations／U.S. Army
- Background paper on SIPRI military expenditure data, 2011／Stockholm International Peace Research Institute（SIPRI）
- Analysis of the FY 2012 Defence Budget／Todd Harrison／Center for Strategic and Budgetary Assessments
- Marine／Tom Clancy／Berkley Books

★ 歴史回顧

- 面白いほどよくわかる 世界の戦争史／世界情勢を読む会／日本文芸社
- 第二次世界大戦 あんな話こんな話／ジェイムズ・F・ダニガン、アルバート・A・ノーフィ／文芸春秋
- 海上護衛戦／大井篤／学習研究社
- 太平洋戦争 日本の敗因1 日米開戦勝算なし／NHK取材班（編）／角川書店
- コマンド／ピーター・ヤング／サンケイ出版社出版局
- 現代紛争史／山崎雅弘／学習研究社
- 歴史で読み解く アメリカの戦争／山崎雅弘／学習研究社
- 現代航空戦史事典／ロン・ノルディーンJr.／原書房
- マイ・アメリカン・ジャーニー［コリン・パウエル自伝］／コリン・L・パウエル、ジョゼフ・E・パーシコ／角川書店
- トム・クランシー 熱砂の進軍 上
- 下／トム・クランシー、フレッド
- フランクスJr.／原書房
- 湾岸戦争大戦車戦 上・下／河津幸英／イカロス出版
- ブラヴォー・ツー・ゼロ／アンディ・マクナブ／早川書房
- ブラックホーク・ダウン 上・下／マーク・ボウデン／早川書房
- 図説 イラク戦争とアメリカ占領軍／河津幸英／アリアドネ企画
- 世界の特殊部隊 戦争・作戦編／笹川英夫／講談社
- NATO／谷口長世／岩波書店
- 82空挺師団の日本人少尉―アフガン最前線―／飯柴智亮／並木書房
- The Brandenburger Commandos／Franz Kurowski／Stackpole

・War in Peace／Robert Thompson(Ed.)／Orbis Publishing
・Armies of the Gulf War／Gordon Rottman & Ron Volstad／Osprey
・Gulf War Fact Book／Frank Chadwick／GDW
・On Point: The United States Army in Operation Iraqi Freedom／Gregory Fontenot, E. J. Degen, David Tohn／Naval Institute Press, 2004
・The Official History of the Falklands Campaign／Lawrence Freedman／Routledge
・Tyndall Air Force Base Guide／United Publishers
・War Slang 3rd Ed.／Paul Dickson／Dover
・American Soldier／Tommy Franks／Regan Books

★ 兵器、軍事技術

・兵器メカニズム図鑑／出射忠明／グランプリ出版
・図解 ミリタリーアイテム／大波篤司／新紀元社
・図解 戦車／大波篤司／新紀元社
・図解 軍艦／高平鳴海、坂本雅之／新紀元社
・図解 戦闘機／河野嘉之／新紀元社
・図解 空母／野神明人、坂本雅之／新紀元社
・世界の戦車・装甲車／竹内昭／学習研究社
・戦車謎解き大百科／斎木伸生／光人社
・M-1／M-1A1戦車大図解／坂本明／グリーンアロー出版社
・メルカバ主力戦車 MKs I/II/III／サム・カッツ／大日本絵画
・大砲撃戦／イアン・V・フォッグ／サンケイ出版社出版局
・手榴弾・迫撃砲／イアン・V・フォッグ／サンケイ出版社出版局
・拳銃・小銃・機関銃／ジョン・ウィークス／サンケイ出版社出版局
・潜水艦入門／木俣滋郎／光人社
・トム・クランシーの原潜解剖／トム・クランシー／新潮社
・図解 現代の航空戦／ビル・ガンストン、マイク・スピック／原書房
・世界最強！　アメリカ空軍のすべて／青木謙知／SBクリエイティブ
・自衛隊戦闘機はどれだけ強いのか？／青木謙知／SBクリエイティブ
・F-22はなぜ最強といわれるのか／青木謙知／SBクリエイティブ
・ミサイル事典／小都元／新紀元社
・戦うコンピュータ2011／井上孝司／光人社
・暗号解読 上・下／サイモン・シン

／新潮社
・暗号事典／吉田一彦、友清理士／研究社
・米ソ宇宙戦争／ワールドフォトプレス編／光文社
・The Naval Institute Guide to Combat Fleets of the World, 16th Edition／Eric Wertheim／Naval Institute Press
・The Naval Institute Guide to Combat Fleets of the World, 15th Edition／Eric Wertheim／Naval Institute Press

ムック

・図説・最新アメリカ軍のすべて／学習研究社
・ヨーロッパ空挺作戦／学習研究社
・現代の潜水艦／学習研究社
・陸上自衛隊新装備 10式戦車（試作車）／三才ブックス
・徹底解剖！ 世界の最強海上戦闘艦／洋泉社

雑誌

・軍事研究／ジャパン・ミリタリー・レビュー
・丸／潮書房光人社
・PANZER／アルゴノート社
・スピアヘッド／アルゴノート社
・世界の艦船／海人社
・エアワールド／エアワールド
・航空ファン／文林堂
・航空情報／酣燈社
・20世紀の歴史／日本メール・オーダー
・Naval Institute Proceedings／Naval Institute Press
・Air Force Magazine／The Air Force Association

索引

英、數

一～五劃

六～十劃

索引

十一～十五劃

十六～二十劃

二十一劃以上

■作者介紹

坂本雅之（Sakamoto Masayuki）

東北大學畢業。在休閒嗜好類出版社從事於策略桌上遊戲（戰爭遊戲）、桌上角色扮演遊戲、卡牌遊戲的開發、在地化，之後轉變為自由編輯／作家。在軍事方面，除了在綜合軍事雜誌《丸》、陸戰雜誌《PANZER》等刊物撰稿，著作、共著有《圖解軍艦》、《図解 空母》（新紀元社）、《空母決戦のすべて》（ENTERBRAIN）、《ゲーム視点から見た空母の戦い》（Si-phon）等。在遊戲方面，除了在定期發行的傳統遊戲書籍《Roll&Role》（新紀元社）撰寫遊戲報導，也在《克蘇魯神話TRPG》（KADOKAWA）展開系列作，並且擔任Akamu Members負責人，負責宣傳工作。

TITLE

戰雲密布！最強軍武百科

STAFF

出版　三悅文化圖書事業有限公司
作者　坂本雅之
譯者　蘇聖翔

創辦人 / 董事長　駱東墻
CEO / 行銷　陳冠偉
總編輯　郭湘齡
文字編輯　張聿雯
美術編輯　許菩真
封面設計　許菩真
國際版權　駱念德　張聿雯

排版　洪伊珊
製版　印研科技有限公司
印刷　桂林彩色印刷股份有限公司
　　　綋億彩色印刷有限公司
法律顧問　立勤國際法律事務所　黃沛聲律師
戶名　瑞昇文化事業股份有限公司
劃撥帳號　19598343
地址　新北市中和區景平路464巷2弄1-4號
電話　(02)2945-3191
傳真　(02)2945-3190
網址　www.rising-books.com.tw
Mail　deepblue@rising-books.com.tw

本版日期　2023年4月
定價　380元

ORIGINAL JAPANESE EDITION STAFF

イラスト　ヒラタリョウ、池田正輝、大眉犬太
組版　株式会社アークライト
装丁　渡辺縁
編集協力　かのよしのり
企画・編集　杉山聡

國家圖書館出版品預行編目資料

戰雲密布!最強軍武百科：現代軍隊、武器、規則110則 / 坂本雅之著；蘇聖翔譯. -- 初版. -- 新北市：三悅文化圖書事業有限公司, 2022.07
256面；14.8 X 21公分
譯自：シナリオのためのミリタリー事典：知っておきたい軍隊・兵器・お約束110
ISBN 978-626-95514-5-3(平裝)

1.CST: 軍事史 2.CST: 戰史 3.CST: 軍事裝備

590.9　111010679